U0201953

长庆油田注水系统
地面工艺技术

主编　李　言　　高　飞　　程忠钊　李欣欣

编者　杨　涛　　王潜忠　郭志强　白红升

　　　王国柱　商永滨　毛泾生　董　巍

　　　王　斌　　王瑞英　赵大庆　徐德权

　　　霍小菊　陈　晨　孙　威　王　楠

西北工业大学出版社

西安

图书在版编目(CIP)数据

长庆油田注水系统地面工艺技术/李言等主编. —
西安:西北工业大学出版社,2022.8
ISBN 978 - 7 - 5612 - 8326 - 4

Ⅰ. ①长…　Ⅱ. ①李…　Ⅲ. ①油田注水-油田开发-
研究-西安　Ⅳ. ①TE357.6

中国版本图书馆 CIP 数据核字(2022)第 152975 号

CHANGQING YOUTIAN ZHUSHUI XITONG DIMIAN GONGYI JISHU
长 庆 油 田 注 水 系 统 地 面 工 艺 技 术
李言　高飞　程忠钊　李欣欣　主编

责任编辑:曹　江		策划编辑:黄　佩
责任校对:胡莉巾		装帧设计:董晓伟
出版发行:西北工业大学出版社		
通信地址:西安市友谊西路 127 号		邮编:710072
电　　话:(029)88493844　88491757		
网　　址:www.nwpup.com		
印 刷 者:西安五星印刷有限公司		
开　　本:787 mm×1 092 mm	1/16	
印　　张:6.25		
字　　数:152 千字		
版　　次:2022 年 8 月第 1 版	2022 年 8 月第 1 次印刷	
书　　号:ISBN 978 - 7 - 5612 - 8326 - 4		
定　　价:36.00 元		

如有印装问题请与出版社联系调换

前　言

地处鄂尔多斯盆地的"三低"（低渗、低压、低丰度）油气藏勘探开发是举世公认的世界级难题，自1970年"石油会战"以来，无数石油科技工作者牢记"我为祖国献石油"的光荣使命，在致密的如同"磨刀石"的油气储层和艰苦自然环境中"攻坚啃硬，拼搏进取"，不断发扬"磨刀石上闹革命"的顽强拼搏精神，不断解放思想，不断挑战自我，不断挑战低渗透极限，坚持"实践、认识、再实践、再认识"，形成了以"超前注水、井网优化、油气层压裂改造、全密闭集输与处理、标准化设计、数字化管理"等为主体的油田开发配套技术系列。几代长庆人经过50年艰苦奋斗，把一个年产不足百万吨的小油田，发展成油气当量为6 000万 t级的国内第一大油气田，创造出了举世瞩目的奇迹。

随着长庆油田的不断发展，长庆油田注水系统地面工艺技术也在不断发展和完善。为总结长庆低渗透油田注水系统地面工艺技术，便于从事低渗透油气田地面注水系统的生产管理和工程技术人员借鉴与参考，笔者结合长庆油田地面建设实际，编写了《长庆油田注水系统地面工艺技术》。本书针对长庆低渗透油田注水系统地面工艺技术，分别对供注水工艺发展历程、注水水源与水质、注水站场、站外系统、注水系统节能及安全环保进行介绍。注水系统地面工艺技术的应用，使得低渗透油田的开发更加经济高效，可以为长庆油田的高质量发展提供有力的技术支持。本书通过对长庆油田注水系统的地面工艺技术进行总结，可以为其他同类油田地面注入工艺提供借鉴，也可以作为基层技术人员和初学者的学习资料。

全书共六章，第一章由王瑞英、杨涛、王潜忠、郭志强、白红升、李言编写；第二章由王斌、李欣欣、高飞、商永滨、毛泾生、董巍、陈晨编写；第三章由李言、程忠钊、王国柱编写；第四章由程忠钊、高飞、李言、李欣欣、王瑞英、王斌、赵大庆、孙威编写;第五章由高飞、李欣欣、程忠钊、徐德权、霍小菊编写;第六章由李言、赵大庆、董巍、毛泾生、王楠编写。全书由李言统稿,王国柱、商永滨对全书进行了校对。

本书完成初稿后,长庆工程设计有限公司的常志波、王荣敏两位专家对本书的编写提出了许多宝贵的指导性修改意见,同时,在编写本书的过程中,笔者参考了相关文献资料,在此对其作者一并表示衷心感谢。

由于水平有限,书中不足之处在所难免,敬请广大读者批评指正。

编　者

2022 年 4 月

目　　录

第一章 绪 论

本书重点介绍中国石油天然气股份有限公司长庆油田分公司(以下简称"长庆油田公司",由该公司开发的油气田简称"长庆油田")在鄂尔多斯盆地开发油田所采用的地面注水工艺技术。

长庆油田主要工作区域位于鄂尔多斯盆地及周缘的断褶盆地和沉降区块,盆地北起阴山、大青山,南抵秦岭,西至贺兰山、六盘山,东达吕梁山、太行山,横跨陕西、甘肃、宁夏、内蒙古、山西 5 个省(区)的 15 个地(市)61 个县(旗),总面积约为 37×10^4 km²,是中国第二大沉积盆地。

鄂尔多斯盆地是一个整体升降、坳陷迁移、构造简单的大型多旋回克拉通盆地,基地为太古宇及古元古界变质岩系,沉积盖层有长城系、蓟县系、震旦系、寒武系、奥陶系、石炭系、二叠系、三叠系、侏罗系、白垩系、第三系、第四系等,总厚为 5 000～10 000 m。主要油气产层是中生界的三叠系、侏罗系以及下古生界的奥陶系。地质构造特征是西降东升,东高西低,非常平缓;从盆地油气聚集特征来看,是"半盆油,满盆气"、南油北气、上油下气。根据国土资源部发布的我国最新油气资源动态评价成果,我国石油地质资源量达 1 257 亿吨,天然气地质资源量达 90.3 万亿 m³。鄂尔多斯盆地石油总资源量约为 86 亿吨,约占全国石油地质资源量的 6.8%,天然气地质资源量为 15.2 万亿 m³,约占全国天然气地质资源量的 16.8%,属于超/特低渗透油气藏,地层压力递减快,一次采油的采收率较低,主要采取保持地层压力的方法进行开采,有多种方法,行之有效的是注水。其中,向油层注水以保持油层压力,是长庆超/特低渗透油田的主要开采方式。

第一节 长庆油田概况

长庆油田是黄土高原和鄂尔多斯沙漠草原上 43 个油气田的总称,工作区域分布在陕西、甘肃、宁夏、内蒙古、山西 5 个省(区)的 15 个地(市)61 个县(旗)。这 43 个油气田包括 33 个油田和 10 个气田,其中现在生产的油田有 27 个,已投入开发的气田有 7 个。

长庆油田总部最初设在甘肃省、陕西省交汇处的长庆桥,加之"石油会战"初期的探井都以"长"字号、"庆"字号命名,并且基于当时战备时期的保密要求,故取名"长庆油田"。1971 年 5 月,长庆油田会战指挥部总部机关迁入具有 4 000 余年历史的周朝古城、昔日陕甘宁边区革命根据地的甘肃省庆阳县(现更名为庆城县,下同)县城。1998 年 8 月,长庆石油勘探局总部机关实施战略转移,迁至古都陕西省西安市,西安市现为企业重组整合后的长庆油田公司总部机关所在地。

一、地理位置

长庆油田所在地和主要工作区域在鄂尔多斯盆地及周缘的断褶盆地和沉降区块。鄂尔多斯盆地是地质学上的称谓,若按行政区划分则称陕甘宁盆地。

鄂尔多斯盆地是我国第二大沉积盆地,北起阴山、大青山,南抵秦岭,西至贺兰山、六盘山,东达吕梁山、太行山。南北长770 km,东西宽490 km。盆地总面积约为 37×10^4 km² (包括陕西省中北部 11×10^4 km²、甘肃省东部 4×10^4 km²、宁夏回族自治区全境 5×10^4 km²、内蒙古自治区中部 15×10^4 km²、山西省西部 2×10^4 km²)。其中:盆地本部面积为 25×10^4 km²,其轮廓呈矩形。盆地被阴山、吕梁山、秦岭、贺兰山、牛首山等山系环抱,山脉海拔一般为2 000 m左右。盆地内部地形总的趋势为西高东低、北高南低。西部地面海拔一般为1 300 m左右,地势较为平坦;东部地面海拔一般不足1 000 m;北部地面海拔为1 400～2 000 m,呈微波起伏,高差不超过100 m;南部地面海拔不足1 000 m,但地势高差可达500 m以上。

长庆油田地理位置优越,地处我国中部,即东西结合部,亦东亦西,有明显的区位优势。大致以长城为界,北部为内蒙古半沙漠草原区、沙漠区,著名的沙漠有毛乌素沙漠、库布齐沙漠等。南部陕北、陇东宁夏东部和山西西部为黄土高原区,黄土广布,覆盖几十米至三百多米,经长期风沙雨雪的侵蚀和地表径流的冲刷,切割成千沟万壑,保存着大小不等的塬、梁、峁、沟等地形地貌;高原内部的白于山、子午岭和黄龙山,海拔分别为1 823 m、1 762 m和1 198 m;塬间的低山、丘陵构成黄河支流间的分水岭;沟连梁、梁接峁,纵横交错,地形十分复杂。俗有"山大沟深弯弯多,出了家门就爬坡""隔山听叫喊,见面走一天"的说法,形象地描述了这一地区的地形地貌特征。这里生态环境脆弱,除子午岭和南部渭北山区外,植被均不发育,黄土裸露,水土流失,风沙暴虐,自然环境恶劣。人们对此说道:"春秋两季风沙暴虐,冬夏时节寒暑难当;晴天尘土飞扬,雨天泥泞四溅。""环境苦不苦,每天得吃半斤土;白天吃不够,晚上还要补。"盆地及外围临近三大冲击平原,即贺兰山以东的银川平原、大青山以南的黄河河套平原和秦岭以北的关中平原,地形平坦,交通便利,物产丰富。

鄂尔多斯盆地的西北、北、东三面被中华民族的母亲河——黄河环绕,呈"几"字形流过,在盆地东部为陕西、山西两省的界河。盆地内的水系均属黄河水系,最大的支流有泾河、渭河、环江、洛河、延河、葫芦河、清涧河、无定河、秃尾河、窟野河等,自西北流向东南,汇入黄河;清水河、苦水河、都思兔河自东南流向西北,汇入黄河。北部内蒙古半沙漠草原区、沙漠区多为间歇河,大都注入沙漠湖泊或盐沼池。地面河流常年流量不大,旱季水量下降,甚至干枯无水,而且水质不佳。但地下水资源丰富,第四系、白垩系均有含水砂层,可获得高产淡水。

二、气候概况

鄂尔多斯盆地地处我国西北内陆高原,系大陆性半干旱和干旱气候,降水量较少,干燥度为1.5～4.0。气温的年较差和月较差大,冬季严寒(1月平均气温为−10～−30℃);春秋多风(4—5月,10—11月为风季),而且为大风;夏季较热(7月平均气温为22～30℃,甚至在40℃以上)。全年风速平均为2.0～4.5 m/s,最大风速可达18 m/s;西部、西北部为风沙区,全年大风日数可达 30 天以上;全年盆地降水量少,平均为 250～300 mm,南部年降水量大于北部,而且秋季雨量占全年降水量的一半以上,有利于农作物生长。

具体地讲,北部内蒙古半沙漠草原区,年平均温度为 8℃,平均最低温度(1 月)为－10℃,平均最高温度(7 月)为 24℃;北部内蒙古沙漠地区,冬季最低温度降至－30℃,夏季最高温度可达 40℃。年降水量为 150～450 mm,夏秋季降水量约占 70％,但年降水量小于蒸发量。冬、春季节多风沙,10 月初开始降霜,结冰期始于 11 月初。

南部黄土高原区,年平均温度为 9～10℃,平均最低温度(1 月)为－3～－10℃,平均最高温度(7 月)为 22～24℃,夏季最高温度可达 40℃,无霜期 6 个月左右。年降水量为 300～600 mm,7－9 月的降水量占全年降水量的一半以上,而且多暴雨。

三、自然灾害概况

鄂尔多斯盆地多数地区雨量少而且集中,干旱、冰雹为这个地区的主要自然灾害。一些地区,如甘肃省东南部地区、宁夏回族自治区南部山区和陕西省北部地区的夏秋两季,多降暴雨、冰雹,常引起山洪暴发,水土流失严重,而冬、春两季降水少,易发生春旱,而且易受风沙和寒潮侵袭。

天然地震灾害在陕甘宁地区历史上有所记载。陕甘宁地区整体上虽属稳定,但四周地震活动也对该地区也有不同程度的影响,有记载以来发生过 15 次 8 级地震,有 5 次在盆地周围。在长庆油田探区范围内的甘肃省平凉地区有记载的 6 级以上地震有 21 例;陕西、甘肃、宁夏三省(区)交界的西海固—华亭—陇县一带是多地震区。1556 年 1 月 23 日夜,陕西华县发生 8 级地震;1920 年 12 月 16 日,宁夏海原发生 8.5 级地震;1973 年,宁夏固原发生 4 级地震;1976 年甘肃华亭、泾川发生 3.1 级地震;1977 年,宁夏固原发生 3 级以上地震;1978 年,宁夏固原发生 3.9 级以上地震;1979 年,宁夏海原发生 3.4 级地震;2008 年 11 月 24 日,宁夏固原发生 4 级地震;2009 年 11 月 5 日 7 时 31 分,西安高陵与临潼交界地区发生 4.4 级地震;2009 年 11 月 20 日 18 时 20 分,西安临潼与高陵交界处发生 3 级地震;2009 年 11 月 21 日,宁夏灵武与内蒙古鄂托克前旗交界处发生 4.3 级地震。1970 年以来,盆地内的地震虽然对油田探区、生化基地有不同程度的波及,但未造成灾害。

2008 年 5 月 12 日 14 时 28 分,四川汶川发生 8 级大地震,造成陇东、陕北油区 1 条 110 kV、2 条 35 kV、5 条 6～10 kV 输配电线路发生闪停,部分线路配件损坏,7 台变压器烧毁,累积停井 3 126 口;107 座井场(站)1.024×10⁴ m 围墙出现裂缝、垮塌,两处拉油点储油罐地基开裂,部分注水站、输油泵站地基下陷、地坪破裂;27 处共 430 m 输油管线和 10 处 150 m 输气管线裸露、悬空或拉裂;31 条油田道路 92 处 1.53×10⁴ m 路基出现滑坡、塌方塌陷;33 座桥涵基础出现松动、桥体出现裂缝;3 978 间房屋受损;直接经济损失约 1.4 亿元。

四、人文环境及经济概况

鄂尔多斯盆地幅员辽阔,地理风貌独特,民族风情多样,历史文化悠久,人文遗迹丰富。这里是草原文化与黄河文化结合之地,是游牧文化与农耕文化交错之处,是中华五千年文明的圣地,是新中国的摇篮——陕甘宁边区所在地,是中国石油工业的起点。

鄂尔多斯盆地区域居住人口约 1 亿,以汉族为主,同时有 40 多个民族聚居。该地区历史上是我国经济文化最繁荣的地区之一,著名的"丝绸之路""开元盛世""西夏王朝""周道之兴""教民稼穑"等都与这里息息相关,拥有考古价值极高的西周、秦、西汉、北魏、唐等各时期的历史遗迹,特别是陕西的兵马俑、华清池、黄帝陵、乾陵、汉阳陵、秦始皇陵、法门寺以及具有 4 000 余年历史的周朝古城——甘肃省庆城县县城,宁夏的西夏王陵,内蒙古的成吉思汗陵,闻名中外。这里拥有我国陆上第一口油井,拥有陕甘宁边区的革命根据地文物。由于自然地貌多种多样,这里还拥有多个世界级保护湿地和国家级自然保护区,壶口瀑布、西岳华山、翠华山地质公园等自然景观颇为著名。

鄂尔多斯盆地光热资源丰富,气候类型多样,生物物种独特,农业生产历史悠久。陕北是农牧结合区,小米、糜子是陕北的名产,经济作物以胡麻、红枣为主,羊的数量约占陕西省羊总数的 80%;关中平原主产小麦,产量占陕西省 50% 以上。甘肃陇东地区土层深厚,日照充足,盛产小麦、玉米、小米等,系甘肃省的"粮仓"之一。宁夏平原系黄河灌区,稻田遍布,素有"塞上江南"之称,畜牧业发达,滩羊皮毛在国内外享有盛名。内蒙古自治区以畜牧业为主,特别是鄂尔多斯高原,是生产"纤维宝石"阿尔巴斯山羊绒的地方,是全世界最大的羊绒加工地之一,"鄂尔多斯"品牌在我国羊绒制品产业中品牌价值极高,也是商业价值超过 34 亿元的世界驰名品牌,呼和浩特则是名副其实的"乳都",伊利、蒙牛两家企业生产的鲜奶占国内 50% 以上的市场份额。

五、资源状况

鄂尔多斯盆地的矿产资源蕴藏十分丰富,既有分布地域广阔、蕴藏量雄厚的油气资源,又有储量丰富的非油气资源,如煤炭、岩盐、地下水等,还有丰富的地热、石灰岩、褐铁矿、铝土矿、天然碱、石膏等资源,以及铁、锰、铜、铝等金属矿产,在外围山区,已探明的矿种有 60 余种。其中天然气、煤成气、煤炭等三种资源,探明储量均居全国首位,石油资源量居全国第四位。

六、交通状况

长庆油田油气区内的交通便利,交通方式主要包括:

1)铁路:兰包线、陇海线、宝成线、西安至银川、西安至神木等铁路横贯鄂尔多斯盆地与全国各地相连。

2)航空:西安、延安、榆林、西峰、银川、包头和呼和浩特等地(市)都有机场,与全国各主要城市通航。

3)公路:有西安—延安—榆林、西安—宝鸡、西安—潼关、西安—汉中等高速公路,还有等级公路、油田自建公路,与全国各地和区内各县(市)、乡(镇)连接,驱车可直达油气区井、站,方便快捷。

第二节　石油天然气地质概况

一、鄂尔多斯盆地的地质概况

鄂尔多斯盆地位于华北地块西部,是一个多构造体系、多旋回坳陷、多沉积类型的大型克拉通盆地,盆地本部地层比较平缓,经历了太古代早元古代基底形成阶段、中晚元古代拗拉谷阶段、早古生代浅海台地阶段、晚古生代滨海平原阶段、中生代内陆盆地阶段和新生代断陷阶段等 6 个构造演化阶段。盆地内基底岩系属中朝陆块的一部分,沉积盖层自上元古界至第三系,厚度达 2×10^4 m,其中,有利于生成和储集石油和天然气的地层,最厚达 0.6×10^4 m,靠近贺兰山及盆地西缘地区,沉积岩厚度达 1×10^4 m。此外,河套、银川、渭河地堑等新生代断陷盆地,沉积岩厚度达 $0.3 \times 10^4 \sim 1.5 \times 10^4$ m。

盆地古生代构造划分为 6 个单元,即伊盟隆起、陕北古坳陷、渭北挠褶带、天环坳陷、西缘冲断构造带和晋西挠褶带。

1. 伊盟隆起

伊盟隆起分布在内蒙古自治区的伊金霍洛旗以北、河套地堑以南地区,面积约 5×10^4 km²。这一区域基底隆起高,沉积盖层薄,自晚古生代以来常以陆地面貌出现,并且与庆阳古陆、吕梁古陆、阿拉善古陆一起,影响着鄂尔多斯盆地的发育和演化。自北而南有乌兰格尔基岩凸起带、伊北挠褶带和伊南斜坡 3 个二级构造带。钻探和地质研究证实,纳林镇—伊金霍洛镇—独贵加汗—纳林淖以北,缺失下古生界,白垩系直接覆于太古界之上;向南,古生界及中、上元古界逐渐增厚。T9 构造为向南倾斜的斜坡,下降梯度在波尔江海子一带,为 11 m/km,向南变缓至新街,下降梯度为 6.3 m/km。地震发现 10 多个构造或地震单测线隆起,一般隆起幅度和分布范围较小,最大的是黑老潮背斜,构造面积为 27.25 km²,隆起幅度为 141 m。

2. 陕北古坳陷(也称为伊陕斜坡)

陕北古坳陷位于鄂尔多斯盆地中东部,南北长约 400 km,东西宽约 200 km,面积为 11×10^4 km²。钻探和地质研究证实,陕北古坳陷 T9 构造主要为向西倾斜的斜坡,下降梯度为 $5 \sim 10$ m/km,倾角不到 1°,在单斜背景上发育着一些鼻状隆起。

3. 渭北挠褶带(也称为渭北隆起)

渭北挠褶带指老龙山断裂东北、建庄—马栏以南,由陕西省的陇县至铜川、韩城一带,面积为 2.24×10^4 km²。钻探和地质研究证实,渭北挠褶带上构造发育,而且成排成带。自南而北包括八排走向北东、走向西南倾没的鼻隆背斜构造带,即苏家店南背斜带、苏家店—马家河背斜带、田家嘴—杨家山穹隆带、姚曲—走马塌穹隆带、焦村穹隆带、四郎庙—庙塌鼻隆带、岭底村—骆驼巷鼻隆带和店头—马栏鼻隆带等二级构造带。南部有两排构造带属地面构造,最南端的一排下古生界奥陶系已出露地面;北部构造带均被中生界及黄土覆盖。地震资料显示,其上发育断隆、鼻状隆起及地震单测线隆起。

4. 天环坳陷(也称为天环向斜或西部坳陷)

天环坳陷西临西部冲断构造带,东接中央古隆起和伊盟隆起,北达内蒙古自治区的千里山东麓,南抵渭北小秦岭构造带北侧,是位于西部断褶带与伊陕斜坡之间的一个南北向的狭长地带。

5. 西缘冲断构造带(也称为西缘掩冲构造带或西缘褶皱带)

西缘冲断构造带是鄂尔多斯盆地最西部的一个构造单元,指银川地堑、六盘山以东,天环坳陷以西,北起桌子山,南达平凉的狭长带,呈南北向的长条状分布,南北长约 600 km,东西宽约 40 km,面积约 3×10^4 km²。根据断裂组合、边界条件、局部构造特点及构造轴部出露地层的新老,将西缘冲断构造带划分为 5 个二级冲断席,即桌子山复合冲断席、横山堡阶状冲断席、马家滩冲断席、沙井子片状冲断席和石沟驿复合冲断席。在这些构造单元的背景上发育断块构造、背斜构造、半背斜构造及地震单测线隆起。

6. 晋西挠褶带

晋西挠褶带是鄂尔多斯盆地最东部的一个构造单元,呈长条状南北向分布,东隔离石断裂与吕梁断隆相接,西越黄河与陕北古坳陷为邻,北抵偏关,南达吉县,南北长约 450 km,东西宽50 km,面积约 2.3×10^4 km²。其东缘南部发育南北向的狭窄背斜构造,北部较少见;其西部多发育南西向的鼻状隆起。由北向南可划分为保德—兴县背斜区、临县—柳林背斜区、永和—石楼背斜区和蒲县—吉县背斜区 4 个二级构造区。

二、鄂尔多斯盆地石油地质概况

鄂尔多斯盆地内的广大地区,由于盆地总体的稳定沉降特征和广泛发育的海陆相沉积体系,构成了大面积低渗透的岩性圈闭,成为石油、天然气富聚的主要地区。根据多次油气资源评价,到 2000 年年底,鄂尔多斯盆地中生界总石油资源量达 85.88×10^8 t(其中:侏罗系石油资源量为 20.24×10^8 t,三叠系石油资源量为 65.64×10^8 t)。目前,已探明的油田均是中生界地层的含油层系。

中生界含油层系主要在侏罗系、三叠系地层,其中,晚三叠系延长组和早侏罗系延安组为最主要的含油层系。

1. 三叠系延长组

延长组地层是鄂尔多斯盆地内陆湖盆形成后接受的第一套生储油岩系,为内陆湖相砂、泥岩沉积,油层在盆地内分布范围广,但储油物性差,单井产量低,一般无自然产量,属特低渗透油层。根据岩性特征分为 5 段,即:T3y1、T3y2、T3y3、T3y4、T3y5。再根据其岩性、电性及含油性,进一步划分为 10 个油层组(即:长 1~长 10 油层组):长 1~长 3 油层渗透性相对好一些,平均为 1~10 mD(渗透率单位);长 4 和长 5 油层渗透性在 5 mD 以下;长 6~长 9 油层分布面积大,埋藏深度为 1 200～2 100 m,储层主要属湖泊三角洲相沉积的低渗-特低渗透砂岩,多为中高饱和岩性"构造"油藏,孔隙度为 11%～14%,平均为 12.3%,渗透率特低,一般为 0.1～2.4 mD,平均为 1.29 mD,压裂前不出油,压裂后一般出油 1～5 t;长 10 储层物性较好,孔隙度为 10%～15%,渗透率为 10～200 mD,油层分布受局部鼻状隆起构造控制。延长组是鄂尔多斯盆地石油勘探最重要的层系之一。已发现以三叠系油藏为主的油田有 12 个。

2. 侏罗系延安组

延安组地层是鄂尔多斯盆地继延长组之后的又一套内陆湖盆沉积,其岩性特征为一套砂泥岩互层夹煤层的沉积建造。储集层为碎屑岩,属河流-湖泊沉积,凹陷中心位于宁夏回族自治区的灵武—惠安堡一线,沉积中心位于陕西省的延安、延长、延川地区。油层埋藏深度为 1 000～2 000 m,岩性变化大,孔隙度为 14%～19%,平均为 16.7%;渗透率为 3.7～403.1 mD,多数小于 70 mD,也属低渗透油藏,加之构造平缓,油藏多为以岩性为主的隐蔽油藏。根据岩性特征,自下而上分为 4 段,对应 10 个油层组(即:延 1～延 10 油层组),产量较高,平均单井日产为 10 t 左右。该层系具有储层物性较好、含油丰富度高、含油面积小、连片性差、勘探风险大的特征,是鄂尔多斯盆地石油勘探最重要的层系之一,已发现以侏罗系油藏为主的油田 21 个。

此外,在盆地北部乌兰格尔和西缘断褶带的刘家庄、胜利井、鸳鸯湖等地的古生界石炭-二叠系钻井中,广泛见到油气显示,也发现过小型气藏和油气流;在河套盆地钻井,证实第三系渐新统和白垩系均有好的生油层和储集条件,经测试,见到过少量原油。

第三节 油田注水的作用及注水时机

一般认为注水能延长油田寿命,对油田开发具有重要意义。1924 年,第一个"五点井网注水"方案在宾夕法尼亚的布拉德(Bradford)油田实施,直到 20 世纪 50 年代,注水才得到广泛应用。

我国油田绝大部分采用注水开发,这对于渗透油田尤其重要。在陆上油田中,注水系统是生产系统的重要组成部分,它担负着稳油控水,增产高产,保持地层能量的重要任务。同时,注水耗电量很大,据统计,注水耗电一般占整个油田总耗电量的 33%～35%。

与国外相比,我国油田注水不仅工艺落后,而且注水系统平均效率也比较低。我国陆上油田采用常规的注水方式,平均采收率只有 33% 左右,大约有 2/3 的储量仍留在地下,而对那些低渗透油田、断块油田、稠油油田等来说,采收率还要更低些,因此提高原油采收率是一项不容忽视的工作,有效提升注水效果迫在眉睫。

一、油田注水的作用

油田可以只利用油层的天然能量进行开发,也可以采取保持压力的方法进行开发。深埋在地下的油层具有一定的天然能量和压力,当开发时,油层压力驱使原油流向井底,经井筒举升到地面,地下原油在流动和举升过程中,受到油层的细小孔隙阻力和井筒内液柱重力及井壁摩擦力的作用。如果仅依靠天然能量采油,采油工程就是油层压力和产量下降的过程。当油层压力大于阻力时,油井就可以实现自喷开采;当油层压力只能克服孔隙阻力而克服不了井筒液柱重力和井壁摩擦力时,就要靠抽油设备来开采;如果油层压力下降到不能克服油层孔隙摩擦力时,油井就没有产出物了。

一个油田在进行开发时,为了保持较长开发周期和原油产量的稳定,基本上都要采用保持地层压力开采的方法。为了提高油田采收率,世界上很多国家都在研究如何用人工的办法保持地层压力,向油层补充能量,使之达到多出油、出好油的目的。目前比较成熟的措施有注水、注气、注蒸汽及火烧油层等。

与注入其他物质相比,注入水具有无可置疑的优点:一方面,水的来源比较广泛,同时水的成本是比较低的;另一方面,从一个油层中用水来排油,水作为介质十分理想。当然,注水井中的水柱本身具有一定的压力。水在油层中具有的扩散能力,能使油层保持较高的压力水平,由于油层压力始终处于饱和压力以上,因此地下原油中溶解的天然气不会大量脱出而使原油性质稳定,保持良好的流动条件。这样,就可以使油井的生产能力保持旺盛,能够以较高的采油速度采出较多的地下原油,即有利于提高油田原油采收率。1954年开始在玉门油田首先采用注水开发以来,国内的各大主要油田先后都进行了油田的注水开发,以使油田长期高产、稳产。在世界范围内,注水保持压力的开采方法已得到广泛应用。

油田注水是采油生产中最重要的工作之一。油田的注水开发在油田的开发中具有极其重要的意义。通过控制注水和控制产出水量使油田保持长期高产、稳产,即用"控水"来达到"稳油"的目的,是中高含水期油田保持高产、稳产的重要技术内容。这就要求控制油井高含水层的产水量,并且通过注水井调整不同油层的注水量,以有效地控制注、采水量的增长幅度。要达到上述目的,就必须正确运行整个注水系统,保证系统内的流量和压力具有最适当的分布。随着油田的不断开发,油田的注水系统在增产、稳产中的作用也越来越突出。

随着油田的开发,油田含水不断增加,产液量也迅速上升。若继续实现油田稳产,油田能耗将急剧升高。因此,充分发挥已建和在建生产能力,进一步控制并降低注水损耗,减少生产能耗,成为今后油田生产的重要任务。

1. 提高采收率

油田依靠地层能量采油,除少数有边水补充能量外,一般采收率不到20%,而利用注水,采收率可达35%～50%。

2. 高产稳产

注水能保持或提高油层压力,保证油流在油层中有足够的能量,从而维持油田的合理开采速度,使其长期稳产高产。

3. 改善油井生产条件

对于高饱和压力的溶解气驱油田,应使井下流动压力高于天然气溶解于原油中的饱和压力,从而使天然气在井筒中携油上升,以延长自喷期,方便生产管理。

4. 节省水资源,保护环境

随着油田开发和石油化工的发展,含油污水日益增多,通过将其处理后回注地下,既能防止环境污染,又能充分节省水资源,变废为宝,利国利民。

二、注水时机及其选择

1. 注水时机

对于不同类型的油田,在油田开发的不同时间注水,其开发效果不同。这是因为,在不同开发时间注水,地层压力下降的幅度不同,导致生产压差、油藏驱动方式、相态变化、渗流规律、驱油效率等不同。注水时机分为早期注水、中期注水和晚期注水。

(1)早期注水

1)概念。在油田投产的同时进行注水,或在油层压力下降至原始饱和压力之前注水,称为早期注水。

2)优点。① 油层内不脱气,原油性质保持较好;② 油层内只是油、水二相流动,相态相对简单;③ 油井产能高,自喷期长;④ 速度高,稳产期较长。

3)缺点。早期注水投产初期注水工程投资较大,回收期长。

4)适应性。适用于早期注水的饱压差相对较小的油田。

(2)中期注水

1)概念。初期依靠天然能量开采,在地层压力下降至原始饱和压力以下,气油比上升到最大值之前开始注水,称为中期注水。

2)特点。①地层压力恢复过程中,形成水驱混气驱方式,有利于提高采收率;②当地层压力恢复到饱和压力以上时,游离气溶解,原油黏度降低而生产压差增大,产量增大;③初期投资少,经济效益好,可保持较长稳产期,不影响最终采收率。

3)适应性。适用于地饱压差较大、天然能量较大的油田。

(3)晚期注水

1)概念。初期依靠天然能量开采,在溶解气驱结束之后开始注水,称为晚期注水。

2)优点。开发初期投资少。

3)缺点。①进入溶解气驱后,原油黏度降低,采油指数下降,生产气油比增大;②注水后形成三相流动,渗流规律复杂。

4)适应性。原油物性好;天然能量充足;适用于中、小型油田。

2. 选择注水时机需考虑的主要因素

选择注水时机应考虑以下因素:①地层压力;②油藏的驱动类型;③储层特性(包括表面性质);④原油性质(黏度);⑤储层的分布特征等。

3. 选择注水时机的基本原则

在满足开发要求的前提下,尽可能充分地利用天然能量。

（1）根据天然能量的大小

边水活跃，边水驱满足开发要求——不注水。

地饱压差较大，有较大弹性能量——不早期注水。

（2）油田的大小和对稳产的要求

小油田，储量小，不求稳产期长——不早期注水。

大油田，保持较长时间稳产期——宜早期注水。

（3）根据开发方式和特点

自喷采油——注水时间早，压力保持水平较高。

机械采油——不一定早期注水，压力保持较低。

三、超前注水的意义

长庆油田三叠系延长组油藏的开发实践表明，油井先期投产之后，地层压力下降很快，再注水开发，尽管油藏注采比很高，仍难以使地层压力快速恢复。当油藏滞后注水时，由注水前的地层压力恢复到原始地层压力需较长的时间，使得油藏在非最佳方式下长期开发。为使油井长期保持强的生产能力，地层压力就要保持在原始地层压力附近。

1. 技术问题

由于鄂尔多斯三叠系特低渗透岩性地层油藏的低渗低压，几乎所有的开发井在采取措施之前，都没有自然产能。由于压力系数低，因此在油藏开发中，一般都需要通过注水形成一个较大的起动压力，但由于大多数油藏裂缝发育，油层的压力敏感性又比较强，如果注水压力过大，会导致油层过早水淹。

鄂尔多斯三叠系地质研究表明，低渗透油藏孔隙结构的特征主要是平均孔道半径很小，且非均质程度较大，孔道大小各不相同，即各种孔道需要不同的起动压力，原油渗流符合非达西渗流特征。通过超前注水，在超前的时间内，只注不采，提高了地层压力，当油井投产时，可以获得较高的起动压力，在超前时间达到某一值后，便建立了有效的压力驱替系统。

长庆油田公司采油一厂安塞油田岩芯的水驱油试验表明，当水驱油压力提高时，油相相对渗透率上升，而水相相对渗透率变化不大，这是由于在同一渗透率条件下，油相的起动压力梯度较高，因此，提高压力梯度，可使部分原不参与流动的油开始流动，致使油相相对渗透率上升。由此可见，超前注水有利于提高油相相对渗透率。

采油一厂注重均衡的地层压力作用，使注入水在地层中均匀推进，首先沿渗流阻力小的较高渗透层段突进，在较高渗透层段的地层压力升高后，注入水再向较低渗透层段流动，就会有更多的孔道加入流动的行列，从而有效地增大了注入水的受效面积，达到提高采收率的目的。

2. 实际问题

虽然在资金投入、员工素质、设备管网铺设、水压增压、水井井下分隔等方面存在许多问题，但在实际注水工作中，长庆人不断努力，学习最先进的注水技术，采取新的措施，大胆创新，终于走出一条新路。

地处鄂尔多斯盆地的长庆采油一厂,是典型的低渗透、低压、低丰度及多类型、隐蔽性、非均质性极强的厂。在这里,由于极为复杂的地质环境,不要说相同区块许多相邻井难以采用相同的技术措施,就是在同一个油井内的不同层位,由于原始压力、渗透率及岩石结构上的差异,同样的技术措施也难以共用。就同一个注水井的功能而言,在大部分油井上发挥正面效应的同时,在另一部分油井上则可能起到负面效应。

为适应"大油田管理,大规模建设"的需要,保证 2015 年长庆油田 5 000 万 t 油气当量目标的顺利实现,长庆油田把注水工作视为油田开发的"效益工程"和"生命工程",在大力实施"超前注水、平稳注水、注足水、温和注水",保证地层足够能量的基础上,还根据不同区块和油井的实际情况,在实施注水及注水工程中,采取差异化的技术措施,适时调整、改变注水方案,坚持"能攻能守、进退适宜"及"软硬兼施"的原则,力争把注水在油田开发中的作用发挥到极致,从根本上保证油田的稳产增产。

采油一厂安塞油田地层结构的大孔道裂缝多,造成注入水顺裂缝方向突进,致使主应力方向的油井注水压力高而被水淹,而侧向上注水的推进速度低,对应油井注水利用效率低,油藏能量达不到有效补充,产油量低。针对这种实际情况,该油田大力开展不同油藏窜流通道类型的识别和技术研究,目前已研发出相应的堵剂及相配套的调剖工艺,形成了窜流通道综合识别技术、多种类型调堵剂系列等多项主体工艺体系。调剖技术取得长足进步,调剖效果逐年变好。

针对水驱不均、水穿油层、水淹油井的"顽症"问题,采油一厂坚持分区域精细注水的原则,通过实施补孔调剖、酸化调剖、化学堵水、平面径向调差等为主要内容的油藏综合治理,油藏水驱状况不断好转。

针对油田特低渗透油藏的特点,采油一厂对注水工艺流程及注水站进行了优化,采用了具有特色的单干管、小支线、多井配水、单井瞬时流量自动调节、注水资料实时跟踪、配注系数及时调整、活动洗井注水工艺,以及树枝状单干管稳流阀组配注、活动洗井注水工艺,解决了注水系统设备多、管网投资高、污染环境、经济效益低、不适应低产和特低渗透油田的整装注水开发的问题。同时,通过采取清水注水工艺,降低了员工的劳动强度,减少了资金投入。

3. 可喜的成就

值得一提的是,超前注水技术作为长庆一项创造性的低渗油藏开发配套技术,已在吉林等油田大面积推广。该项技术作为低渗透油藏提高单井产量新的核心技术,处于国际、国内领先水平。

第二章　长庆油田供注水工艺发展历程

长庆油田自 20 世纪 70 年代开发建设以来,地面工艺技术不断发展和完善,基于长庆油田的主要建设模式(马岭模式、安塞模式、靖安模式、西峰模式),注水系统形成了一套独具长庆特色的地面工艺技术,长庆油田在开发过程中坚持整体规划、分期实施、近期与远期相结合的原则,兼顾开发调整的特殊性,尽量避免重复投资,同时,结合油田沟壑纵横、梁峁交错的复杂地形条件,从节约投资又不减弱注水系统功能的原则出发,形成了与油田相适应的特色工艺技术,为长庆油田的成功开发作出了重要贡献。长庆油田水处理及注水地面工艺技术发展历程见表 2-1。

表 2-1　长庆油田水处理及注水地面工艺技术发展历程

	马岭油田	安塞油田	靖安油田	西峰油田	姬塬油田	华庆油田
供水工艺	供水站供水	大口径	水源直供、供水站供水			水源直供
密闭工艺	开式流程	柴油密闭	饼式气囊隔氧装置密闭			
清水处理工艺	PE 烧结管过滤	真空脱氧PE 烧结管过滤	纤维球粗滤、PE 烧结管精滤			
注水工艺	双干管单支线	单干管小支线	环网注水	智能稳流阀组配水	清污分注	骨架+橇装
洗井工艺	注水站流程洗井	活动洗井车洗井				

第一节　双干管多井配水、注水站流程洗井注水工艺

"双干管多井配水、注水站流程洗井工艺"最早应用于长庆马岭油田。马岭油田是长庆油田开发最早的油田之一,经过 1971 年 5 月—1979 年 6 月的开发准备、1979 年 7 月—1981 年 12 月的全面开发、1982 年 1 月—2001 年 12 月的上产稳产、2002 年 1 月—2009 年 12 月的老油田挖潜 4 个阶段,终于形成了独具特色的油田开发模式,即"马岭模式"。

一、注水系统工艺流程

"马岭模式"地面注水系统工艺流程主要采用"双干管多井配水、注水站流程洗井工艺",所谓双干管是指从注水站引两条干线通往各配水间,一条干线注水,另一条干线用来流程洗井,避免洗井时造成注水系统压力产生波动,保证系统平稳运行。与双干管工艺特性配套的注水站、配水间、注水井口及单井高压管网组成的系统流程,被统称为"双干管多井配水流程"。

注水系统工艺流程示意图如图 2-1 所示。

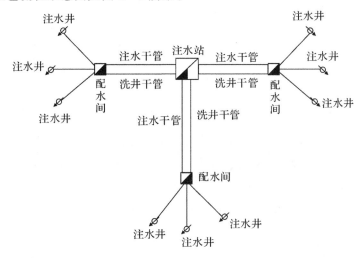

图 2-1　双干管多井配水流程示意图

二、注水系统组成

1. 注水站

注水站的功能是向注入井供给注入水和洗井水。站内主要设注水泵、喂水泵、高压配水阀组、储水罐及配套电气仪表等系统。

长庆油田注水井配注量低,注水压力高,基本均以高效柱塞泵作为主力设备,大大提高了泵站系统的效率。喂水泵采用卧式单级离心泵,储水罐采用柴油密闭隔氧,高压阀组由高压干式水表、高压截断阀和节流阀及高压管汇组成,其主要功能是采用双管调控泵压及流量,以完成干线分支配水任务。

2. 配水间

与双干管多井配水流程相配套的配水间,具备双干管特性和分压、调控、计量功能,适用于高中渗透油田(区块)面积注水开发和洗井排量为 25 m³/h 以上的地面注水工程。"马岭模式"采用的多井配间有砖混结构、大板结构以及水泥薄壳结构,有三井式、五井式、七井式 3 种类型,可以适应不同井区所辖注水井数不同的需求。

双干管多井配水间工艺流程示意图如图 2-2 所示。

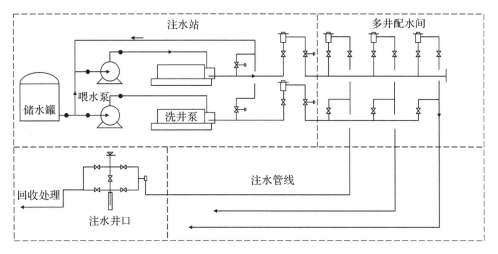

图 2-2　图双干管多井配水流程示意图

3.注水井口及管网

注水井口装置为了适应注水、洗井工艺及修井作业的需要,一般采用五阀式或六阀式 CY/b－250 井口。洗井返出水一般收集在井场污水池或由汽车拉运至集中处理站处理;注水干线采用 DN80 或 DN100 高压无缝钢管;注水支线一般采用 DN50 或 DN65 高压无缝钢管,以符合大排量($25\sim30$ m^3/h)洗井水及正常注入水流通能力。

三、工艺流程特点

1)优点:①注水与洗井为两个压力系统,注水、洗井时互不干扰,可以保障注水压力平稳,对稳定注入水质效果明显,全流程密闭隔氧,设备管网防腐措施得当;②注水泵与洗井泵以及注水干线与洗井干线可以互为备用。

2)缺点:①注水系统设施、设备及管网因数量多,管径大,综合投资较高;②洗井反出水排入井场污水池或沟坝,或汽车拉运至集中处理站处理,容易造成环境污染,或运行成本较高。

四、注水站主要设备选型

注水泵主选电动往复柱塞泵,喂水泵选用卧式单级离心泵,流量计选用高压干式水表,截断阀选用闸板阀,调节阀选用节流阀,水罐采用钢制立式储罐。

第二节　单干管小支线多井配水、活动洗井注水工艺

安塞油田位于鄂尔多斯盆地中部,陕北黄土高原,隶属陕西省延安市,在"腰鼓之乡"安塞。自然条件较差,地表为黄土覆盖,沟壑纵横,梁峁交错,海拔 1 100～1 500 m,相对高差 100～300 m。

安塞油田自 20 世纪 70 年代起,历时 6 年,共钻探井 117 口,发现长 2、长 3、长 4+5、长 6 四套油组,探明王窑、侯市、杏河、坪桥、谭家营五个含油区块,含油面积为 206 km²,地质储量 超 10⁸ t,在这里发现了中国陆上第一个整装特低渗透油田。但长 6 物性极差,平均有效渗透 率仅 0.49 mD,"井井有油、井井不流",有"磨刀石"之称,属于典型的渗透率低、地层压力低、单 井产量低的"三低"整装油田,油井常规钻井无初产,压裂改造后单井产量也仅 1~2 t。

一、注水系统工艺流程

安塞油田注水工艺经多年创新和试验,获得成功,并在安塞油田全面推广应用,即"单干管 小支线多井配水、活动洗井注水工艺流程"。该流程适用于特低渗透油田、地形复杂、井区分 散、单井日注水量小、注水压力高的油田注水开发区块,具有工程造价和注水效率高等特点。

单干管小支线多井配水、活动洗井注水工艺流程,即水源来水进注水站,经过计量、缓冲沉 淀、精细过滤及加药水处理后,通过注水泵加压,由高压阀组计量分配,通过一条注水干管输至 配水间,在配水间控制、调节、计量后输至注水井注入油层。

注水系统工艺流程示意图如图 2-3 所示。

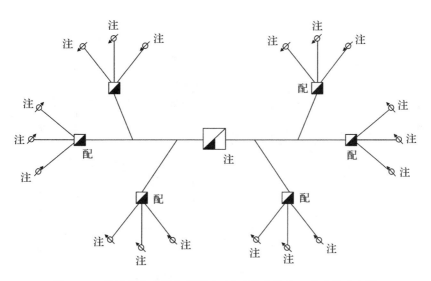

图 2-3 单干管小支线多井配水,活动洗井注水工艺流程示意图

单干管小支线多井配水、活动洗井注水工艺流程,洗井水通过配水间一次性供至井口洗井 车(5~15 m³/h),由活动洗井车加压、循环、处理重复利用,与双干管多井配水流程相比,注水 站取消了专用洗井泵,减少了洗井供水干线,节省工程投资约 30%,大大节约了洗井用水,不 仅节约了清水资源,而且消除了洗井水对环境的污染,具有突出的经济效益和社会效益。

多年的试验和生产实践证明,"单干管小支线多井配水、活动洗井注水工艺流程"能够适应 特低渗透油田的注水开发需要。

二、注水工艺配套技术

1. 三小配水间多井配水流程

三小配水间是 20 世纪 90 年代初针对安塞油田的开发,革新、创新的配水间流程,属"单干管小支线多井配水、活动洗井注水工艺流程"的组成部分,它适用于单井日配注水量<40 m³/d的多井配水工艺,该配水间由 DN100、DN150 的高压分水器,DN25、DN40 的闸阀,DN25 的调节阀,DN25 的高压干式水表及 DN40 的注水支线组成,形成了由小水表(DN25)、小阀门(DN25～DN40)、小管线(DN25～DN40)组成的"三小配水间"配水流程。

与双干管配水间比较,三小配水间不仅结构紧凑,占地面积小,设备费用少,而且工程造价降低约 35%。

(1)"三小配水间"流程

"三小配水间"流程示意图如图 2-4 所示。

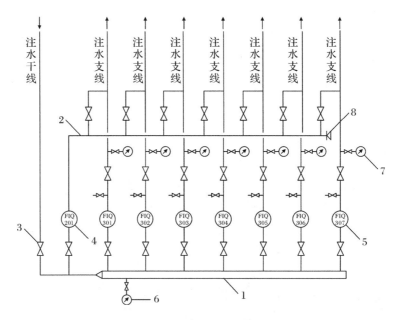

图 2-4 "三小配水间"流程示意图

1—高压分水器;2—洗井汇管;3—注水干线截断阀;4—洗井干线截断阀;5—洗井流量计;

6—单井流量计;7—干线压力表;8—单井压力表;9—高压管箍及丝堵

(2)"三小配水间"主要功能

1)配注量调节功能:通过 DN25 节流阀控制及高压干式水表监测,满足单井配注量要求。

2)洗井车供水功能:洗井车在井场就位后,通过洗井供水旁通计量后按一定强度给井口洗井车一次性充满水,由活动洗井车循环洗井。

3)注水管线扫线功能:冬季注水井因某种原因停注后,为防止外露段及埋深不足段的注水管线冻结,可采用活动蒸汽车(或高压空气压缩机)对注水支线进行吹扫。

2.高效柱塞泵

注水泵效率大于 80% 的柱塞泵,其参数能够满足特低渗透油田的需要,尤其对于单井配注水量小、井口注水压力高的开发区块,柱塞泵是最佳的注水泵选型,该泵型可提高注水系统效率 50% 以上。

3.活动洗井工艺技术

该工艺技术组成包括水处理车、洗井泵车、注水井口及反冲洗橇装站等,洗井水由配水间一次性供给,通过水处理车、洗井泵车循环重复利用直至洗井合格。单井洗井时间一般为 3～4 h,洗井水质达到进、出口一致为合格,洗井成功率在 90% 以上。

反冲洗橇装站是活动洗井水处理车的配套技术,该技术成功地完善了洗井车活动洗井工艺,是单干管小支线多井配水、活动洗井注水工艺流程的重要组成部分。反冲洗橇装站主要由空压机、水泵等设备组成,能够满足水处理车的清洗及滤料再生的要求。

4.精细过滤水处理技术

精细过滤水处理技术即在注水站通过精细过滤器等水处理设施过滤处理,对悬浮物颗粒直径中值大于 2.0 μm 的固体颗粒的去除率大于 80%,出水悬浮固体含量小于 0.3 mg/L。精细过滤水处理技术是保证特低渗透油田注水水质达标的实用新技术。

5.注水管线内防腐技术

为了减少注入水对注水管线的腐蚀,延长注水管线的使用寿命,注水管线采用整体化学内涂防腐技术。

6.胶膜密闭隔氧技术

安塞油田 1994 年应用了胶膜隔氧装置密闭技术,实现了注水系统流程密闭,避免了注入水中的氧对注水系统的腐蚀危害。

7.注水站干线连通技术

注水站干线连通技术即将同一油田不同注水站系统的相临两个配水间注水干线连通,采用该技术可以充分调节、分配高压水量,减少注水站高压回流量,从而可以提高注水系统效率,降低注水系统能耗。

三、注水系统工艺流程特点

1.简化注水管网,节省工程投资

与双干管多井配水流程相比,专用洗井泵及洗井干线被井口活动洗井车取代,DN65 注水支线被 DN40 支线取代,配水间大口径(DN50、DN65)设备(阀门、水表、)及管线(DN50、DN65)被小口径(DN25、DN40)设备(阀门、水表、)及管线(DN25、DN40)取代,节省工程投资约 30%。

2.节约清水资源,安全环保,经济与社会效益突出

活动洗井车重复处理使用洗井返出水,较大排量(25～30 m³/h)常规洗井不仅省水,而且不污染环境。

3.水质级别高,可降低洗井排量

经过精细过滤水处理的水质级别较高(A1～A2),井桶及油层渗滤面污染较轻。根据特低渗透油藏特点,洗井排量可减小至 3～5 m³/h,洗井工艺得到简化。

第三节　树枝状单干管稳流阀组配水、活动洗井注水工艺

采油二厂西峰油田具有多个储盖组合,含油层系多,主力油层为长 8 层,油层埋深 1 750～2 300 m,原始地层压力 18.1 MPa,具有油气比高、埋藏深、孔隙度低、特低渗透和初期产量较高的特点,平均孔隙度 10.5％,渗透率 1.7 mD,初期单井产量可达 4～6 t/d,现已建成 129.6×10⁴ t/a 的原油生产能力。

西峰油田的最大魅力主要体现在高科技给油田开发和管理带来了革命性变革。按照中国石油提出的"把西峰油田建设成中国陆上低渗透油田现代化管理的一面旗帜"的要求,西峰油田在产能建设中始终坚持高起点、高标准、高质量的工作理念,钻井、试油、测井、地面工程 4 项技术质量管理指标达到 100％。同时进一步深化西峰模式建设,大量应用新工艺、新技术,以提高油田信息自动化建设水平。

一、注水系统工艺流程

1990—2000 年,安塞、靖安油田注水开发主要采用"单干管小支线多井配水、活动洗井注水工艺流程",该流程为二级布站系统流程,单井配注量在配水间控制、计量。随油田开发技术的不断发展,丛式井组布井技术得到了推广和普及,西峰油田部署的开发井全部采用大位移定向钻井技术和丛式井组布井技术。2001 年,为满足西峰油田(包括白马南区、白马北区及董志区等)整装开发的需要,使单干管小支线多井配水、活动洗井注水工艺流程取得进一步创新和发展,西峰油田设计研发并成功推出了"树枝状单干管稳流阀组配水、活动洗井注水工艺流程"。2003 年,稳流配水阀组在西峰油田研发成功并推广应用,至此,以注水站、稳流配水阀组、单干管、注水井口及活动洗井车组成的"树枝状单干管稳流阀组配水、活动洗井注水工艺流程"诞生了。

树枝状单干管稳流阀组配水、活动洗井注水工艺流程是注水工艺流程的一次技术突破,是对单干管小支线多井配水、活动洗井注水工艺流程的进一步发展和完善,属注水站—注水井一级布站流程。该工艺流程技术充分利用了丛式井场注水井集中的有利条件,以稳流配水阀组

取代配水间,以树枝状干管满足丛式井场多井配水需要。注水支干线串接二井式或三井式稳流配水阀组,注水井由稳流配水阀组管辖,单井注水量通过稳流配水阀组控制、调节、计量,从而完成注水、洗井功能。

树枝状单干管稳流阀组配水、活动洗井注水工艺流程,即水源来水进注水站,经过计量、缓冲、沉降、精细过滤水处理后,通过注水泵升压,由高压阀组计量、分配至树枝状注水干线管网,再经稳流配水阀组控制、调节、计量后,最后通过单井注水支线输至井口注入油层。

树枝状单干管稳流阀组配水如图 2-5 所示。

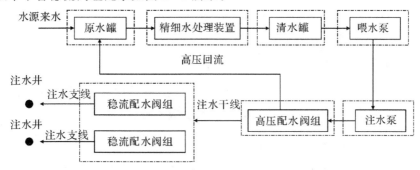

图 2-5 "树枝状干管稳流阀组配水"注水工艺流程示意图

该工艺采用稳流阀组配水技术,取消了单干管小支线多井配水和活动洗井注水工艺流程的中间站(即配水间),简化了注水工艺流程,且稳流配水阀组无人值守,实现了井-站一级布站流程。采用树枝状单干管稳流阀组配水、活动洗井注水工艺流程,平均每万吨产建可以节约投资 5.47 万元,平均每口注水井可以节约投资 2.35 万元。

二、注水工艺配套技术

1. 稳流配水阀组

稳流配水技术利用恒流调节阀的稳压恒流原理,在注水干线压力波动情况下(允许波动范围为 1.0~4.0 MPa),对单井配注量进行自动调节,从而使单井配注量始终保持恒定。"稳流配水阀组"注水工艺流程示意图如图 2-6 所示。

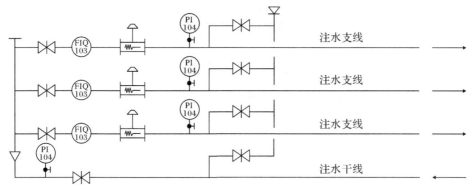

图 2-6 "稳流配水阀组"注水工艺流程示意图

稳流配水阀组的特点包括：

1）克服了串管配注流程中单井注水量的相互干扰问题，解决了因注水压力波动而产生的注水量超、欠注问题。

2）稳流配水阀组在工厂预置，现场组装工作量小，建设周期短，能够加快投转注速度。同时，该装置结构简单、重量轻，可以整体搬迁，能够适应长庆油田超前注水开发的需要。

3）稳流配水阀组无需随时进行人工调节，实现了无人值守，生产岗位较少，生产管理费用较低。

4）采用稳流配水阀组可以节省单井注水管线，降低注水系统地面建设投资，平均每口注水井节约投资 2.35 万元。

2. 活动洗井工艺技术

采用活动洗井车在井口进行洗井，洗井水通过稳流配水阀组供给，由洗井车过滤系统再生循环，杜绝了洗井污水的排放，有利于环境保护，社会效益较好。

3. 模块化橇装注水技术

2000 年西峰油田注水开发以来，橇装注水站采用彩钢结构、模块化设计，已成功应用于西峰及长庆其他各大油田。它适用于小区块、边远井区的试注、正常注水工艺，是"西峰模式"的组成部分之一。规模一般为 200～600 m³/d。

（1）橇装注水站组成

橇装注水站属小型注水站，水源就近设置，划分为 5 个单元：①储水罐单元，由 30～60 m³ 拱顶罐、电子水表、高低压阀门及胶囊隔氧装置组成；②水处理单元，由喂水泵、精细过滤器及加药装置组成；③注水泵单元，由高压柱塞泵及进出口阀门组成；④高压配水单元，由高压阀门、电子水表、电子压力表及高压管汇组成；⑤管网单元，由高低压注水管线、排水管线及给排水阀井组成。

（2）注水工艺流程

水源来水计量进罐，喂水泵增压、过滤、加药处理进泵；注水泵二次加压，进入多井配水阀组，按照单井配水量及压力要求，调控至注水井或单一干线内。系统原理流程如图 2-7 所示。

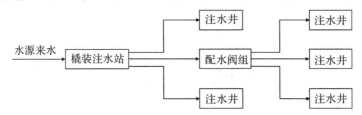

图 2-7 "模块化橇装注水站"注水工艺流程示意图

三、注水系统流程优点

与"单干管小支线多井配水、活动洗井注水工艺流程"相比，树枝状单干管稳流阀组配水、活动洗井注水工艺流程具有以下优点。

　　1）简化注水流程,节省注水支线,平均每口注水井可节省投资约30％。

　　2）稳流配水阀组自动控制调节,实现了无人值守。

　　3）该流程属于一级布站流程,注水运行费较低,生产成本较低。

　　4）稳流配水阀组工厂预制,现场工程量小,建设周期短,投转注速度快。

第四节　树枝状单干管稳流阀组配水、清污分注注水工艺

　　近年来,长庆油田注水地面系统主要采用树枝状单干管稳流阀组配水、活动洗井注水工艺。传统的双干管、多井配水流程,注水干线与洗井干线分设,注水泵与洗井泵分设,其设备多、管网投资高、污染环境、经济效益低,不适应低产、特低渗透油田的注水开发。对低产、特低渗透油田的注水开发,要坚持"少投入、多产出"的原则,对注水工艺进行二次优化,采用树枝状单干管稳流阀组配水、活动洗井注水工艺流程,该工艺流程由二级布站简化为注水站至注水井一级布站流程,单井配注量通过稳流阀组自动控制计量。

一、注水站场类型

　　目前,长庆油田注水站类型主要包括清水注水站、采出水回注站、清污分注站、橇装注水站等：①清水注水站由小规模分散建站改进为大规模集中建站,减少了劳动定员,节约了运行成本。②采出水回注站与集输站场合建,集输系统脱出采出水就地处理,就近回注,减少了采出水外输系统,节约了工程投资及水资源。③清污分注站注水系统设有清水、采出水双流程,两流程通过共用注水泵连接,便于对清水、采出水量的调节。油田开发初期采出水量较少,清水需求量较大,随着油田不断开发,采出水量逐年上升,清水需求量逐年下降。清水、采出水分注流程解决了污水量与清水量的平衡问题,减少了设备数量,节约了建站用地及劳动定员,降低了工程投资。④橇装注水站适用于特低渗透油田开发中注水井较少的"试验小区块"和正规注水站覆盖不到的"边远小区块"。该站功能齐全,站内流程密闭,具备水处理、加药流程,具有建设周期短、节约用地、搬迁方便的特点,综合效益较好。

二、已建站场优化改造

　　油田开发初期,注水站多为清水注水站,油田进入二次开发后,综合含水率上升,采出水量增加,清水注水量下降,通过井网重组,根据水配伍性特点及时调整配注量,实现分层处理、分层回注、优先回注采出水、补充清水,将单一介质注水工艺流程优化为清污分注流程或采出水回注流程。

　　多层系站场注水工艺流程示意图如图2-8所示。

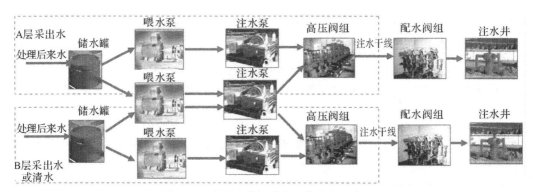

图 2-8 多层系站场注水工艺流程示意图

根据区域最大采出水量预测,对站内已建注水泵房流程进行改造,新建注水泵房采出水供水管线,将其中 1 台喂水泵改为清污公用泵,1 台喂水泵改为采出水喂水泵,将 1 台注水泵改为清污公用泵,1 台注水泵改为采出水注水泵,拆除已建清水注水汇管及倒泵汇管,各安装 1 具清水注水汇管、采出水注水汇管。通过对已建注水系统进行局部优化调整,充分利用已建系统能力,减少改造工作量,以满足现场实际生产要求。

第三章　注水水源与水质

第一节　注水压力及注水量

一、注水压力

注水压力(指注水井口压力)是决定油田合理开发和地面管线及设备的重要参数。注水压力低,注水量满足不了油田开发的需要,必然造成油层压力下降,并造成地面系统扩建、改建等不合理现象;注水压力过高,会浪费动力及钢材。因此,确定合理的注水压力,是注水工程地面建设的中心环节。

(一)确定注水压力的原则

1)应保证将配注的水量注入油层。

2)注水压力应保证注入水能克服注水系统(包括地面系统注水站、注水管网、配水间、注水井、注水井井下管柱、配水器等)的水力阻力损失而注入油层。

3)压力应基本平稳,以避免井底出砂、开采不平稳等情况。

(二)注水压力的确定方式

1)在新开发的油田或区块中,可选择具有代表性的区域或一定数量的注水井进行试注,分别按不同油层测试注入压力和注入水量。试注时间应保证能取得稳定参数。

2)参照相似或相近油田的注入压力,根据油层特点、原油特性、油层深度等,选取相似或相近性质的油田的注入压力,作为新区开发的初定压力。

3)上述资料缺乏时,一般可使注水井井口压力等于 $1.0 \sim 1.3$ 倍原始油层压力,以满足高压注水的需要,分层注水井井口压力还应加配水器的水头损失。

4)注水泵泵压是指泵的工作压力 $p_泵$,该压力应不小于注水井注入压力 $p_井$ 与注水系统地面损失压力 $p_损$ 之和,即:

$$p_泵 \geqslant p_井 + p_损$$

注水泵站内管网压力损失一般不大于 $0.5\ \mathrm{MPa}$,泵站出站管压与注水井口油压压力之差一般应不小于 1.0 MPa。

二、注水量

油田注水地面工程设计的注水量一般应由开发部门提出。对于新开发区,设计人员应从整体上核实注水量,力求设计依据较为可靠。计算注水量的公式为

$$Q_z = iBCQ_y \left[\frac{b}{\rho_1} + \frac{\eta}{(100 - \eta)\rho_2} \right] + Q_x$$

式中:Q_z —— 注水量,m^3/d;

$\quad B$ —— 注采比;

$\quad C$ —— 注水不均匀系数,取 1.0～1.2;

$\quad Q_y$ —— 产油量,t/d;

$\quad b$ —— 原油体积系数;

$\quad \rho_1$ —— 地面原油密度,t/m^3;

$\quad \eta$ —— 原油综合含水率,%(质量分数);

$\quad \rho_2$ —— 水体密度,t/m^3;

$\quad Q_x$ —— 洗井水量,m^3/d。

注:①洗井水量 Q_x,在无实际资料的情况下,一般按洗井周期为 60 d,洗井强度为 25～30 $m^3/$ h,每天洗一口井计。不足 60 口注水井的注水站,仍按每天洗一口井计;60 口井以上、120 口井以下,按每天洗两口井计。②注采比 B,一般按 1 考虑,有的油田要考虑强化注水和油层外流水量以及地面外溢水量,则取 1.1～1.3。③注水不均匀系数 C 是考虑因停电、维修、洗井、作业等造成注水量减少或增多的情况,计算注水能力时,应考虑取上限值 1～1.2。

在新建油田或油区设计注水工程时,注水能力一般按原油综合含水率为 50% 来考虑,最大为 70%;在原油含水率较高的老油田或老油区,注水工程设计一般按可以适应 5～10 年的需要来考虑。

第二节　水源及水质

一、水源类型

目前作为注水用的水源主要有四种。

1)地面水源。江、河、湖、泉等地面淡水已广泛应用于注水。浅海和海上油田注水一般用海水,它既量多又方便,但其含氧量和含盐量高,腐蚀性强。

2)来自河床等冲积层的水源。

3)地层水水源。

4)油层采出水。水驱开采的油田可能随同原油采出很多地层水或注入水,应采取回注。当然,对这些水必须进行处理,以适应注水要求。

二、注水水质要求

油田注水要求水源的水量充足、水质稳定。水源的选择既要使水质处理工艺简便，又要满足油田日注水量及设计年限内所需要的总注水量的要求。

若注水水质不合格，其对油层的伤害主要是堵塞油层孔隙。将水处理到完全理想的程度，对处理工艺要求很高，投资和注水成本将增加。一般要求处理后的注入水应基本不伤害油层，驱油效果较好，在经济上较为合理。其具体要求如下：

1）注入水中所含杂质（包括悬浮物、胶体物等）量应合理，不易沉积于油层孔隙之中；杂质微粒应基本能通过孔隙。

2）注入水不与油层岩石、胶质等起化学反应，不产生沉淀物质；不引起油层岩石组分膨胀；不引起细菌、微生物繁殖及其残骸堵塞油层孔隙；不引起油层产生新的胶体，不减少油层孔隙。

3）注入水应与岩石相亲，以利于驱油。

4）注入水应属中性，不腐蚀注水管道、容器、设备。

5）注入水应基本不结垢，以免造成注水能量大量浪费和造成严重的经济损失。

6）注入水采出后，应有利于处理回收。

三、注水水质标准

油田或油区注水用水的水质标准，应根据各油田或油区的具体情况而定，并经过油田或油区开发的实践验证，最后确定。

我国绝大多数油田为碎屑岩型油田，注水水质要确保在许多方面大体相近，可参照《碎屑岩油藏注水水质指标及分析方法》（SY/T 5329—2012），结合各油田特点具体制定本油田的注水水质标准。

四、注入水处理技术

在水源确定的基础上，一般要进行水质处理。水源不同，水处理的工艺也就不同，常用的水质处理措施有以下几种：①沉淀；②过滤；③杀菌；④脱氧；⑤暴晒；⑥含油污水处理。

污水回注的优点有：①污水中含表面活性物质，能提高洗油能力；②高矿化度污水回注后，不会使黏土颗粒膨胀而降低渗透率；③通过污水回注，保护了环境，提高了水的利用率。

五、注水井投注程序

注水井从完钻到正常注水，一般要经过排液、洗井、试注之后才能转入正常的注水。

1. 排液

排液的目的在于清除油层内的堵塞物，在井底附近造成适当的低压带，为注水创造有利条件，并利用部分弹性能量，减少注水井排或注水井附近的能量损失。

2. 洗井

洗井的目的是把井筒内的腐蚀物、杂质等污物冲洗出来,避免油层被污物堵塞,影响注水。洗井方式分正洗和反洗两种。

3. 试注

试注的目的在于判断能否将水注入油层并取得油层吸水起动压力和吸水指数等数据,以根据要求注入量选定注入压力。

4. 转注

注水井通过排液、洗井、试注,取全、取准试注的资料,并绘出注水指示曲线,再经过配水就可以转为正常注水。

第四章 注水站场

注水站的主要功能是将来自水源的符合注水水质标准的注入水升压输入管网,直至注入地层。

第一节 注水站主要设备及其作用

注水站的主要设备为水罐(含隔氧装置及水位标尺)、喂水泵、注水泵、注水汇管、各类阀门、流量计、压力表、监测与检测仪表及连接管线。

油田开发初期,注水站主要采用离心泵站承担注水任务,在多年的节能技术改造中均以高效柱塞泵作为主力设备,大大提高了泵站系统效率。喂水泵采用卧式单级离心泵,储水罐采用柴油密闭隔氧,高压阀组由高压干式水表、高压截断阀和节流阀及高压汇管组成,主要功能是采用双管调控泵压及流量,完成干线分支配水任务。

一、注水泵

注水泵是注水站站内的关键设备,在整个注水系统中起着"源"的作用。其主要功能就是给整个注水系统升压。

1. 注水泵的结构

柱塞泵通常为卧式柱塞泵,有卧式三柱塞和卧式五柱塞两种,其结构与工作原理相同,只是工作缸数不同而已。

柱塞泵主要由动力端和液力端两部分构成,并附有皮带、止回阀、安全阀、稳压器、润滑系统等。

1)动力端:由曲轴、连杆、十字头、浮动套、机座构成。

2)液力端:由泵头、密封函、柱塞、进液阀和出液阀构成。

2. 主要性能参数

柱塞泵的主要性能参数有排量、有效压头、有效功率、轴功率、功率等。

(1)理论排量

理论排量是指泵单位时间内不考虑漏失、吸入不良等因素影响而排出的体积量,理论排量又分为理论平均排量和理论瞬时排量两种。

(2)泵的有效压头

单位质量的液体通过柱塞后获得的能量称为压头或扬程,它表示柱塞泵的扬程高度,用

H 表示,单位为 m。

(3)功率

泵单位时间内所做的功称为泵的有效功率,用 N 表示。泵的有效功率表示泵在单位时间内输送出去的液体从泵中获得的有效能量。

3.柱塞泵的使用及维护

(1)柱塞泵的操作使用

往复泵在开泵前必须检查泵和电机的情况。例如:活塞有无卡住和不灵活;填料是否严密;各部件连接是否牢靠;变速箱内机油是否适量;等等。

很重要的是,开泵前必须打开排出阀和排出管路上的其他所有闸门。

(2)运转中的维护

往复泵在运转过程中禁止关闭排出阀,由于液体几乎是不可压缩的,因此在起动或运转中如果关闭排出阀,会使泵或管路憋坏,还可能使电机烧坏。

泵在运转过程中应采用"听声音、看仪表、摸电机温度"的方法随时掌握工作情况,同时要保证各部位润滑良好。

1)新安装的泵连续运转 5 天后应更换 1 次机油,经 15 天再更换 1 次机油,以后每 3 个月更换 1 次机油。

2)在运转中应经常观察压力表的读数。

3)润滑油的温度不应超过 30℃。

4)当油面低于油标时,应添加同种机油至要求高度。

5)阀有剧烈的敲击声或传动部分的零件温升过高时,应停机检查。

6)定期检查电气设备的连接及绝缘情况。

7)详细记录运转过程中和修理中的情况。

4.柱塞式注水泵相关操作

(1)常见柱塞泵的规格型号

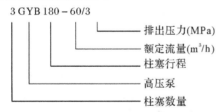

3 GYB 180 – 60/3

- 排出压力(MPa)
- 额定流量(m³/h)
- 柱塞行程
- 高压泵
- 柱塞数量

(2)柱塞泵的结构

柱塞泵主要由电动机、机座、曲柄连杆机构、泵体、进排出阀、柱塞等组成,可分为两大部分:① 实现机械能转换为压力能并直接输送液体的液缸部分;② 把原动机的动力传给往复泵活塞的传动部分。

(3)柱塞泵的原理

在电动机的带动下,柱塞通过连杆机构在缸套中做往复运动,当柱塞从左边的极限位置向右运动时,缸内形成真空,在储水罐内液体高差(或喂水泵)压力作用下,挤开吸入阀进入缸内,直到柱塞运行到最右边为止,这一过程称为吸入过程;当柱塞运行到右边极限位置后,柱塞开始向左移动,缸内液体受压,压力升高,吸入阀关闭,排出阀打开,高压液体经排出管排出泵外,这一过程称为排出过程。柱塞泵就是这样连续不断地把液体吸入升压后排出。

4. 注水泵的选用

目前长庆油田所用注水泵均为高效柱塞泵,注水泵效率大于80%的柱塞泵其参数能够满足特低渗透油田需要,尤其对于单井配注水量小、井口注水压力高的开发区块,柱塞泵是最佳的注水泵选型,该泵型可提高注水系统效率50%以上。选型要求如下。

1)满足注水站设计规模的要求,并按规定要求进行设备组合。

2)满足注水站设计工作压力的要求,站内泵管压差可按0.5 MPa设计。

3)单泵要求运行可靠,泵效高,并长期在高效区运行。

4)方便管理,易于操作,便于维修。

5)根据能源供给条件,选配合适的驱动机,匹配合理的泵型。

6)兼顾已用泵型和用泵习惯,利于区域管理。

7)供货及时可靠,价格合理,售后服务能满足施工与生产要求。

8)选泵步骤与方法:①根据用泵地点能源情况,确定驱动方式。若电源充足可靠,应优先采用电机驱动,否则应采用其他驱动方式。当天然气供给充足时,可采用燃气轮机驱动高速泵形式。在电源与气源均不能满足的条件下,可采用柴油机驱动方式。②从国内注水泵制造情况出发,一般单泵排量为50 m³/h以下,且泵压为18 MPa以上,应考虑选用往复泵;反之,泵排量为50 m³/h以上,且泵压在18 MPa以下,应优先选用离心式注水泵。③整理设计基础数据表,包括设计注水量、设计工作压力、水质类型、水温及建站的水文地质气象条件。④选择泵型。全面收集泵的资料,要求详细准确,了解泵的性能与特点。根据选泵依据和使用条件,选择合适泵型,包括泵排量、扬程、转数及转向、配机功率、效率保证值、适用水质及温度、允许泵吸上真空度及灌入压头、泵特性曲线、泵安装地点的海拔高度(当高程在1 000 m以上时,对于驱动电机有防电晕要求),对于往复泵,还应了解泵的柱塞数、柱塞直径、冲程、冲次等。⑤了解辅助系统(润滑油及冷却水)设备情况。了解注水泵和电机的安装条件,包括外形尺寸、地脚距离、质量、动静载荷、设备重心,有无底座配置。在条件相近的情况下,应选择易于安装、便于检修的泵组。⑥泵性能条件的复核。在初步设计阶段泵型已定,到施工图设计阶段,应依据进一步明确的站内设计条件、站外管网系统、井口压力、水量等,再次复核所选泵型是否正确,配机功率是否合理。

二、离心式喂水泵

1. 离心泵的工作原理和基本参数

(1)工作原理

从物理学中得知,当一个物体绕一固定轴旋转时会产生离心力,物体旋转得越快,产生的离心力越大,离心泵就是根据这个原理工作的。

泵的主要工作部分是安装在轴上的叶轮。叶轮上面有一定数目的叶片,泵的外壳是螺旋形扩散室。泵的吸入口和吸水管连接,吸水管末端安装有吸入底阀并淹没到吸水池中,排水管与水泵出口相连接。

水泵起动之前,泵壳内和吸水管内都要充满水,当叶轮旋转时,在叶片之间叶道内的水受到离心力的作用,从叶轮中心被甩向叶轮周围,以较高的速度从螺旋形扩散室进入排水管。

当叶道内的水向外流动时,叶轮的吸入口就产生真空,这时吸水池中的水面在大气压力作用使吸水池中的水经吸水管上升而流入叶轮。这样叶轮连续不断地旋转,水就连续不断地从吸水池进入叶轮。

(2)离心泵的工作参数

离心泵的工作参数主要有扬程、流量、转速、功率、效率和吸入高度。

例如,IS 型离心泵型号的工作参数如下:

IS 80 - 65-160

叶轮名义直径(mm)
排出口直径(mm)
吸入口直径(mm)
单级单吸清水离心泵

(3)离心泵的结构

IS 系列泵主要由泵体、泵盖、密封环、叶轮、制动垫、叶轮螺母、轴、悬架支架、填料盖、填料、轴套等组成。

(4)离心泵的运行故障、原因及解决办法

IS 型离心泵运行故障、原因及解决办法见表 4-1。

表 4-1 IS 型离心泵运行故障及原因

故 障	原 因	解决方法
水泵不吸水,压力表及真空表的指针在剧烈摆动	注入水泵的水不够,水管或仪表漏气	再往水泵内注水或拧紧堵塞漏气处
水泵不吸水,真空表表示高度真空	底阀没有打开,或已淤塞,吸水管阻力太大,吸入管高度太大	校正或更换底阀。清洗或更换吸水管,降低吸水高度
压力表水泵处有压力,然而水管仍不出水	出水管阻力太大,旋转方向不对,叶轮淤塞	检查或缩短水管及检查电机。取下水管接头,清洗叶轮
流量低于预计	水泵淤塞,口环摩损过多	清洗水泵及管子,更换水环
水泵耗费的功率过大	填料函压得太紧,填料函发热,因摩损叶轮坏了,水泵供水量增加	拧紧填料压盖,或将填料取出来打开一些,更换叶轮,增加出水管内阻力,以降低流量
水泵内部声音反常,水泵不上水	流量太大,下水管内阻力过大,吸水高度过大,在吸水处有空气渗入,所输送的液体温度过高	增加出水管内阻力以降低流量,检查泵吸入管内阻力,检查底阀,降低吸水高度。拧紧堵塞漏气处,降低液体的温度
轴承过热	没有油,水泵轴与电机轴不在一条中心线上	注油。把油中心对准
水泵振动	水泵轴与电机轴不在一条中心线上或泵轴斜了	把水泵和电机的轴中心对准

三、隔氧装置

饼式气囊隔氧装置是根据菲克定理,采用氟硅橡胶 EPC 等高分子材料及特殊填充料制成的、储水罐内液面上下浮动的特制高分子密封胶囊,使水体和大气隔离,阻止空气中的氧气在水中的溶解,保证了水罐进水口、出水口水质曝氧为零的要求,从而达到密闭隔氧的目的。

隔氧装置的性能与特点如下。

1)隔氧装置采用优质进口塑胶复合材料,具有耐腐蚀、耐老化、静密封、无泄漏、免维护、经久耐用等特点。密封胶囊填充遇水膨胀材料,改变过去充气的方法,一旦刺破,不会再将所充气体中的氧气溶入水中,使隔氧性能更好,出口水中的含氧量可以控制在碎屑岩油藏注水水质指标及分析方法(SY/T 5329—2012)标准要求以内。

2)工艺流程简单,投资少,安装快。该装置的投资费用是天然气、氮气等密封方式的 1/15～1/30,且无须任何运行费用。

3)运行安全可靠。装置内外无易燃易爆介质,消除了天然气、氮气等密闭装置造成的易燃易爆不安全因素。

4)无有害物质,对水体无污染,对人体无伤害。

5)不需投加除氧剂,成本费用低。

6)全系统均可设置自动化控制,如液位控制、溢流控制,均无能源消耗,运转平稳,无需专职人员管理。

四、储水罐

储水罐采用钢制拱顶罐,依据《油田注水工程设计规范》(GB 50391—2006)第 4.3.1 条规定,总有效容量为注水站设计规模 4～6 h 的注水量。

1)水罐应采用内外防腐措施,容积不小于 100 m^3 的注水储罐不考虑保温。

2)水罐应设计密闭隔氧措施。

3)水罐应设置盘梯(斜梯)及护栏。

4)罐区不设阀组间,地面管道、管件、阀门及水表等应采取电伴热带保温措施。

结合长庆油田实际情况,常见的注水站水罐容积选择见表 4-2。

表 4-2 注水站水罐容积选择表

规模/($m^3 \cdot d^{-1}$)	储水罐	
	规格/m^3	数量/具
500	100	2
1 500	300	2
2 500	500	2

五、流量计

1. 电磁流量计

（1）结构与工作原理

电磁流量计由磁电流量传感器和流量积算仪两部分组成。流体流入流量计时，流体在内部产生周期性的、内旋的、相互交错的涡流。涡流经由永久磁铁和信号电极组成的磁场系统时，对磁力线进行周期性切割，并在信号电极上不断地产生交变的电动势，通过信号电极监测电动势的交变频率而得到流体的流量。该信号经过放大、滤波、整形后转换成脉冲数字信号，再由流量积算仪进行运算处理，并直接在液晶屏上显示流量和体积总量。

（2）主要性能和技术参数

1）公称压力：中压（6.3~16.0 MPa）、高压（20~42 MPa）及超高压（42 MPa以上）。

2）仪表显示范围：累积流量为0~99 999 999 m³，瞬时流量为0~19 999 m³/h。

3）流量计精度：磁电流量传感器与流量积算仪配套使用的准确度为±0.5%、±1.0%、±1.5%。

4）供电电压：内电源为3.6VDC锂电池，功耗≤0.4 mW；外电源为（6~24）VDC，功率≤0.5 W。

（3）常见故障的维修

流量计常见的故障现象、故障原因及排除方法见表4-3。

表4-3 流量计常见故障及排除方法

故障现象	故障原因	排除方法
仪表在自校状态下显示正常，在工作状态下无数据显示	仪表连接有误，或有开路、短路等故障	对照电气接线图检查接线的正确性和接线的质量
	信号变换器工作不正常	维修或更换信号变换器
	漩涡发生体或信号电极损耗	维修或更换发生体或电极
	管道无液体流过或堵塞	开通阀门或泵，清洗管路
仪表显示不稳定，计量不准确	流量超出仪表的计量范围或不稳定	判断是否受电平干扰
	仪表系数 K 设置不正确	重新设置仪表系数 K
	磁电流量传感器内挂上纤维杂质	清洗磁电流量传感器
	磁电流量传感器有较强的电磁干扰	尽量远离电磁干扰源或采取屏蔽措施

2. LSH 漩涡流量计

（1）LSH 漩涡流量计性能特性

以 LSH 系列为主的干式水表是油田注水用主力水表，其主要优点是结构简单、价格低廉，缺点是采用机械传动方式，传动部件磨损严重，故障率高，计量准确度低且不稳定，影响了注水资料的准确性和开发决策的合理制定。

LSH 系列水表示值误差如图 4-1 所示。

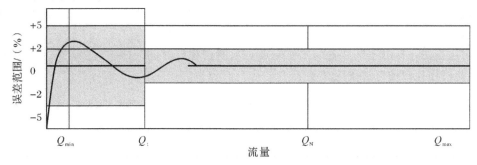

图 4-1　LSH 系列水表示值误差

由误差图可以看出 LSH 系列水表最小流量（Q_{min}）至不包括分界流量（Q_t）低区的误差范围为 ±5%；分界流量（Q_t）至包括最大流量（Q_{max}）高区的误差范围为 ±2%。因此，LSH 系列水表自身存在着较大的误差点，其误差线性修正空间小，当注水工况发生变化时将造成一定的误差变化，特别是，如果运行在分界流量以下，将会造成很大的计量误差。同时，实际运行时，机械传动部件（叶轮、轴承）等的摩损也会造成相应的计量误差。

（2）流量计标定

注水站使用的大口径流量计一般使用标准计量罐法标定，现场可采用在线标定法。

注水井使用的计量水表的各种标定方法见表 4-4，水表的标准法标定示意图如图 4-2 所示。

表 4-4　注水井计量水表的标定方法

标定方法	内　　容
标准表标定	把被校水表与标准表并接进行校对
井下流量计标定	用被校水表的水量与校验好的井下流量计进行校对
标定池标定	用被校水表的测量值与标准池容积水量进行标校

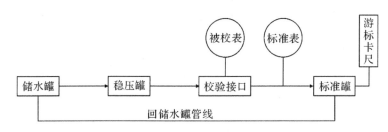

图 4-2　标准法标定示意图

注水水表误差计算公式为

$$\Delta S = (W_0 - W_1)/W_0 \times 100\%$$

式中：ΔS——排量的对比误差，%；

　　W_0——标准池计量的水量，m^3；

　　W_1——被校水表计量的水量，m^3。

要求排量的对比误差不超过 5%。

其中,两种标定方法如下:

1)标准容积法。水流进入圆柱体计量标准罐,水位上升,通过光电开关采集标准罐内的水容积,比较被校水表与标准罐读数,便可确定水表的校准误差。

2)对比表法。标准表法装置的工作原理是水流在相同时间间隔内,连续通过标准表和被检表,因此可用比较的方法确定被检表的误差。

六、压力表

(1)注水常用压力表类型

注水常用压力表有以下三种,如图4-3所示。

弹簧管压力表　　　　　耐震压力表　　　　　数字压力变送器

图4-3　注水常用压力表

弹簧管压力表性能及适用范围见表4-5所示。

表4-5　弹簧管压力表性能及适用范围

名称	型号	公称直径/mm	量程/MPa	精度	适用范围
一般压力表	Y-100系列	100	0~0.1,0~0.16	1	测量无爆炸危险,不结晶,不凝固,对钢及铜合金不起腐蚀作用的液体、蒸汽和气体等介质的压力
			0~0.25,0~0.4	1.5	
	Y-150系列	150	0~0.6,0~1	1	
			0~1.6,0~2.5	1.5	
不锈钢压力表	Y-100B系列	100	0~4,0~6,0~10,0~16;0~25,0~40,0~60、0.1~0、-0.1~0.06	1.5	对耐腐蚀、抗震要求较高的工艺流程,测量各种流体介质的压力
	Y-150B系列	150	-0.1~0.15,-0.1~0.3;		
	YTF-100	100	0.1~0.5,-0.1~0.9;		
	YTF-150	150	0.1~1.5,-0.1~2.4		

(2)压力表管理与维护

1)保证对压力表每3个月校验1次,如果校验无法达标则更换新的压力表,并建立台账。

2)压力表的使用要求:①必须使用检定合格的压力表;②使用时不得震击压力表,应轻拿轻放;③须使用扳手打在压力表接头处来装卸压力表;④读压力表时,应保证视线与压力表盘垂直。

3)在检查更换时严格按照要求进行：①关压力表连接管线阀门，缓慢打开压力表放空阀门，当确认压力为零后，卸掉压力表；②装好校正合格的或新的压力表，关闭压力表放空阀门，缓慢打开连通阀门，看前后两压力表压力值有无差别，判断原压力表的示值是否准确。

（3）压力表标定

注水系统使用的各种压力表的标定主要采用砝码和标准压力表的两种方法。标准压力表的标定如图4-4所示。

图4-4　标准压力表的标定

七、常用阀门

（1）一般要求

1)满足工艺性能，符合设计要求。

2)工作压力与口径选用正确，符合设计流速条件。

3)高压阀门系列（除口径在 DN15 以下的螺纹连接阀外）应采用法兰连接形式。

4)性能可靠，开关灵活，使用寿命长。

（2）按使用特点选用

1)闸阀。一般用于全开、全关状态，局部摩阻小，工作状态稳定，个别用于工况调节，调节压差不宜大于 2.0 MPa，这类闸门适用于单台注水泵出口管线，高压阀组的注水汇管、倒泵汇管进出水管线，以及高压回流进罐管线。

2)截止阀。具有良好的流量调节功能，适用于离心式注水泵出口管线工况状态（流量-压力）调节及高压回流调节。截止阀局部摩阻系数是闸阀的近 10 倍，因此不宜作为管路截断阀用。

3)止回阀。具有允许管路介质单向流动的功能。其动作原理是靠单向流动介质的压力降将阀板冲开，使阀开启；反之，介质压力流压紧阀板密封，管路介质流动自行切断。安装时，应注意阀体上所指箭头方向应与管路介质流向一致。

4)球阀。该阀具有流道光滑、摩阻小，能快速开断的特点，用作管路的全开、全关操作，但因该阀体积较大、价格较高，因此在注水站只有小口径阀门范围内使用。

5)安全阀。用于高压管路系统超压保护，在往复注水泵出口均设置弹簧开启式安全阀，其使用开启压力整定值一般为泵出口工作压力值的 1.05～1.1 倍。

6)角式多级调节阀。用于站内高压水回流时，对单台注水泵出口管高压差的调节。由于采取多级节流阀降压形式，因此可在高压回流短时间工况下，将泵出口压力从 1020 MPa 降至常压，也可用于对管路系统合理工况状态的调节。

7)电动调节阀。该阀多用于对管路系统合理工况的调节，属于一种微细调节，既可就地应用，也可用于远程，驱动电机一般是手动按钮，对于降低操作工人的劳动强度大有好处。近年来，适用于注水泵管压自动调节的电动控制阀已投入实际使用，其可在降低泵管压差、节能降耗方面发挥很好的经济效益。

第二节　常规注水站

长庆油田主要采用注水开发方式，基于安全环保和节约能源的要求，绝大部分含水油集中脱水，脱出采出水处理后就近回注。一般油田开发初期采出水量较少，清水需求量较大，随着油田不断开发，采出水量逐年上升，清水需求量逐年减少。采出水全部回注，注水量不足时则采用清水补充，油田地面注水系统形成了采出水回注站、清污分注站和清水注水站三种常见的注水站。

一、工艺流程

注水站的工艺流程应表示水体流向，以及所经设备、容器和管道、仪表。根据工艺的重要性，可分为主流程和辅助流程，通常将这两种流程合并绘制在一张流程图上。

1. 注水站主流程

根据水源来水不同，可分为单注流程和混注流程。单注流程是指单台注水泵只吸入清水、净化污水等单一介质；混注流程是指单台注水泵同时吸入两种不同水质的混合水体，其流程除泵入口端采用双管水流汇合为一之外，其余部分与单注流程相同，主流程用方框图表示，如图 4-5 所示。

注水站分部流程介绍如下。

(1)注水储罐流程

来水经计量进入储罐，在罐内可缓冲并经历杂质泥沙沉淀的过程，由储水罐(注水泵房供水管线)进注水泵房。储水罐设有进出水管、高压回流管、溢流排污管。对于储存含油污水储罐，还应有收油管和热回水管，以及储罐内显示液位的压力传感器的接口留头阀门和取样用阀门等；对于密闭隔氧的储罐，还应有氮气、柴油等密闭工艺。

(2)注水泵喂水流程

采用往复式注水泵或高速离心泵注水，当储罐液位不能保证泵能正常吸入压头时，应设喂水泵(也称"前置泵")，将泵入口压力升压至要求压力值(一般为 0.05～0.15 MPa)。对于排量较小的往复式注水泵,可采用管道泵喂水,对于大排量的高速泵则应采用离心喂水泵。

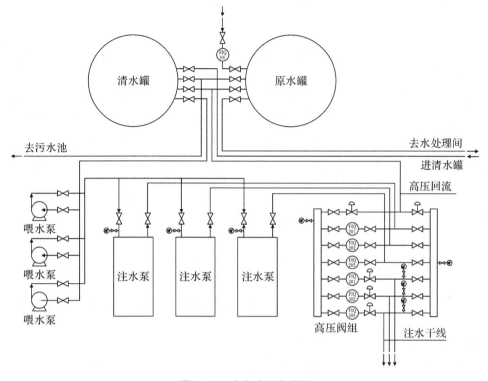

图 4-5 注水站工艺流程

(3)注水泵流程

注水泵流程包括自注水泵上水母管至泵上水管,经过泵入口过滤器进注水泵吸入端升压的过程。

(4)高压阀组流程

每台注水泵出水经过流量计计量后,进入高压阀组的注水汇管,通过注水汇管配水后,输出至注水管网。在每一台单泵试运转时,注水泵出水进入高压阀组的倒泵汇管,通过高压回流调节阀控制进入注水储罐。

2. 注水站辅助流程

(1)排水及废水回收流程

1)废水。泵轴盘根密封冷却水、化验用水、锅炉或加热炉排污水、水罐溢流排污水等,均进入自流排水系统,之后进入站内污水池。

2)废水回收。对注水站污水池内的污水,采用潜水排污泵定期装车拉运至联合站等污水处理系统,处理合格后有效回注。

(2)注水罐密闭隔氧系统流程

注入水中的高含氧或高矿化度物质均会对金属管道和容器内壁产生较为严重的腐蚀,同时,形成的腐蚀产物还会流入井底堵塞地层。储水罐采用的密闭隔氧的方式有机械式胶囊密封、氮气及天然气密封和柴油密封。氮气密封安全、可靠、效果好,但制氮设备及工艺复杂,投资大。柴油密封投资少、简便易行,但效果较差。前几年发展起来的机械式胶囊密封简便易行,密封效果好,但使用时需对储水罐内附件安装进行变动。目前长庆油田使用最多的是机械式胶囊密封。

1)胶囊密封隔氧。水罐密封隔氧胶囊是一种已在油田使用多年的成熟技术,其作用是在储水罐顶部安装一个具有充气胀起的橡胶制胶囊,将水体与大气隔开,阻止氧气溶入,从而达到密闭隔氧的目的。

2)氮气密闭隔氧。若采用氮气密闭,可设氮气柜供气;若无可靠的氮气来源,则可考虑设置制氮系统进行现场制取。我国目前较为先进的制氮系统是沸石分子筛制氮系统,其流程为:空气由空气压缩机压缩并冷却后,经干燥过滤,进入沸石分子筛对氮气进行吸附,再用真空泵抽出进入氮气储罐,经氮气压缩机压缩并冷却,由过滤器净化后,进入氮气储罐(或减压后进入储气包),调压后进入密闭状态的储水罐。

水源来水经过低压水表计量后进入储水罐。一般每座注水站应设置不少于两座储水大罐,其总容量应按最大用水量时的 4~6 h 的用水量设计。

二、平面布置

常规注水站主要分为 6 个区域,即储罐区、水处理区、注水区、配电区、污水回收区及加热区。

平面布置要求包括:

1)常规注水站的多种功能的设备、阀门、仪表等按照工艺流程排列组合,形式多变。站场总平面布置根据生产工艺特点、主要功能,以及安全、环境保护、防火、职业卫生、节能等要求,结合场地地形、工程地质、风向等自然条件,经多方案比较后确定。平面布置应与工艺流程相适应,根据不同生产功能和特点,分别相对集中布置,明确分区,在不影响流程的前提下,要做到紧凑合理、节约用地,土地利用系数不小于 45%。

2)根据当地气象资料,尽量为建筑物创造良好的自然采光和通风条件。

3)产生噪声的生产设施,如注水泵,集中布置在注水泵房内,并远离控制室、办公室和要求安静的场所;其总平面布置要符合现行国家标准《工业企业噪声控制设计规范》(GB/T 50087—2013)的规定。

4)含采出水处理的站场总平面布置的防火间距要符合现行国家标准《石油天然气工程设计防火规范》(GB 50183—2004)的规定。散发有害气体或易燃、易爆气体的生产设施,布置在控制室、办公室及明火或散发火花地点的全年最小频率风向的上风侧。加热炉布置在站区边缘,并位于散发油气生产场所的全年最小频率风向的下风侧。

5)在山区或山前建站时,可根据地形情况设置截洪沟、拦洪坝,截洪沟不穿过场区。

6)总平面布置根据站场的发展要求考虑近期和远期工程的合理衔接。近期有明确分期的站场,总平面布置一次规划、分期建设。

7)站场绿地率不小于 12%。

8)站场道路设计符合平面布置的要求,道路布置与竖向设计及管线布置相结合,并与场外道路顺畅方便地连接,以满足生产、运输、安装、检修、消防安全和施工要求。场区内的道路交叉时,一般采用正交,斜交,交叉角不应小于 45°。消防车道净宽不小于 4 m,若为单车道,应采取往返车辆错车通行的措施;消防车道的净空高度不应小于 5 m,其交叉口或弯道的路面内缘转弯半径不得小于 12 m,纵向坡度不大于 8%。

9)人行道的宽度不小于 1.0 m;沿主干道布置时,不小于 1.5 m。人行道的宽度超过 1.5 m时,按 0.5 m 的整倍数递增。人行道边缘至建筑物外墙的净距,当屋面有组织排水时,不小于 1.0 m,当屋面无组织排水时,不小于 1.5 m。

常规注水站典型平面布置图如图 4-6 所示。

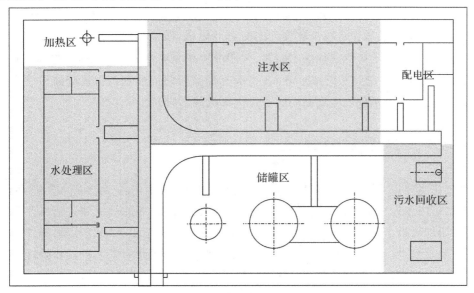

图 4-6　常规注水站典型平面布置图

三、主要设备

1)水罐:选用 300 m³ 钢制立式储罐,采用 HJB-Ⅱ-300 m³ 型饼式气囊隔氧装置密闭。

2)注水泵:选用 5ZB220-27/25 型五柱塞注水泵,该泵理论排量为 27.0 m³/h,额定泵压为 25 MPa,配套电机功率为 220 kW。

3)喂水泵:喂水泵选用 ISZ80-125 型离心泵,该泵理论排量为 30~60 m³/h,扬程为 22.5~18.0 m,配套电机功率为 5.5 kW。

4)排污泵:选用 65WQ/C251-3.0-R 型潜水排污泵,该泵理论排量为 36 m³/h,扬程为 18.0 m,配套电机功率为 3.0 kW。

5)计量仪表:水源来水、注水泵排量及注水干线流量计量均采用 LUSHZ 型磁电式旋涡流量计,压力表选用 YSH 型数字压力变送器。

6)主要阀门:高压回流调节阀选用 T48H-250 型多级调节阀;注水干线调节阀选用 L46Y-250 型平衡式节流阀,低压截断阀选用 Z43H-16C 型平板闸阀,高压截断阀选用 ZF43Y-250 型平行式闸板阀;低压止回阀采用 H44H-16C 型旋启式止回阀,高压止回阀采用 H41H-250 型直通式止回阀;低压系统压力表截止阀选用 J11T-16 型内螺纹截止阀,高压系统压力表截止阀选用 FJ25H-250 型压力计截止阀及 AJ13H-250 型内螺纹截止阀;喂水泵出口控制阀采用 J_D745X-16-D 型多功能水泵控制阀。

第三节 一体化注水站

在长庆低渗透油田"低成本、节约化"开发战略和"标准化设计、模块化建设、数字化管理、市场化运作"建设思路的指导下,长庆油田地面工程设计解放思想、转变思路,全面推行了标准化设计。一体化集成装置作为标准化设计的高水平体现,借鉴小型一体化集成装置的成功经验,目前已经自主研发了智能移动注水装置、智能增压注水装置等小型一体化集成装置。长庆油田属于低渗透油田,主要采用注水开发,大部分油藏需超前注水。为适应油田注水开发需求,开展了以注水站为对象的中型站场的一体化集成技术研究。

一、站场工艺流程优化简化

标准化注水站主要工艺流程由储水单元、水处理单元、注水单元、配水单元组成;通过对标准化注水站站内水处理系统粗滤主要设备进行优选,将常规站场的纤维球过滤器改为自清洗过滤器,利用加压泵余压直供注水系统,减少了水处理单元反洗泵、反冲洗水罐,减少了注水单元清水罐、喂水泵,实现了处理后的清水直供注水系统,缩短了站内工艺流程和处理后水停留时间,提高了水质,节水、节电效果明显。

常规注水站与橇装注水站工艺流程图对比如图4-7所示。

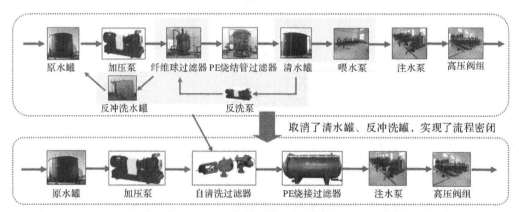

图4-7 常规注水站与橇装注水站工艺流程图对比

二、平面布局优化

通过对注水站进行一体化集中研究,对站内注水工艺进行优化简化、减少站内设施后,注水站占地面积为1 225 m²,较标准化注水站占地面积减少了1 375 m²,由于站内注水设备集成橇装,且露天布置,因此减少了600 m²左右的构建物。

注水站一体化集成后,站内主要包括5个单元,分别为电控一体化集成装置单元、清水注水一体化集成装置单元、清水配水一体化集成装置单元、清水水处理一体化集成装置单元、污水回收罐。一体化注水站装置单元划分示意图如图4-8所示。

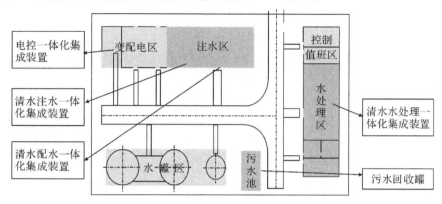

图4-8　一体化注水站装置单元划分示意图

对站内主要生产设备进行筛选,选用高效节能设备,保障装置功能先进可靠。水处理系统选用自清洗过滤器,注水泵选用高效柱塞泵和对置式柱塞泵。以站内粗滤水处理设施为例,站内选用高效率、高精度的自清洗过滤器,优化后反洗耗水量下降90%、耗电量下降95%、占地面积缩小90%,无需更换滤料,实现了全自动控制。自清洗过滤器优化前后对比如图4-9所示。

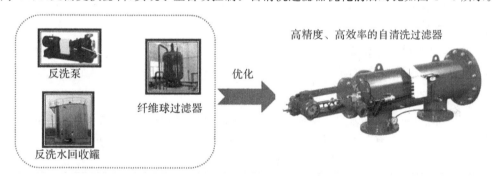

图4-9　自清洗过滤器

一体化注水站根据工艺流程和设备功能,充分考虑油区道路及国家道路运输管理条例的规定,合理确定装置的外形尺寸,满足一体化集成装置的拉运及维护要求,确定了"低压系统成橇、高压动设备单独成橇、小型设备组合成橇"原则。

一体化注水站内各系统一体化装置主要设备及装置名称见表4-6。

表4-6　注水站各系统一体化装置

序　号	功　能	主要设备	装置名称
1	水处理系统	自清洗过滤器	清水处理一体化集成装置
		PE烧结管过滤器	
		加药装置	
		气压罐	
		加压泵	

续 表

序 号	功 能	主要设备	装置名称
2	注水系统	过滤器	清水注水一体化集成装置
		注水泵	
		泵连软管	
3	配水系统	注水汇管	清水配水一体化集成装置
		流量计	
4	供配电 通信系统	变频柜	电控一体化集成装置
		变压器	
		控制柜	

三、装置集成化原则

1. 空间优化

空间优化是指运用 CADWorx、Smart Plant 3D 等多专业协同三维设计平台进行装置与站场设计,布局紧凑、功能集成、协同高效。

2. 检修优化

检修优化是指根据优化简化后的工艺流程,结合设备的尺寸大小,综合考虑预制、运输、施工等因素,合理组成橇装单元,应用模块化、可替换、可拆卸、组合式构件,从而优化检修作业。

3. 拉运优化

在优化简化和橇装化的基础上,将一些功能相似,尺寸相对较小的设备、阀门和管线进行集成,实现功能集成;在充分调研油区道路的基础上,确定了优先采用的单个橇体外形参数,其中长度≤15 m、宽度≤2.5 m、高度≤3.4 m;优化重心位置,设计专用吊架;大型装置采用分体设计、联合拼装。

4. 智能控制

根据油田数字化管理要求及现场使用条件,装置的智能控制模式以"数据自动采集、设备远程监控"为重点,实现生产流程智能诊断,提高运行管理水平,从而为工艺简化提供充分的技术支撑。

四、一体化注水站的集成装置

通过对注水站清水处理系统、注水系统、供配电系统设施按介质、功能、流程分类、整合、优化组合,形成了清水水处理一体化集成装置、清水注水一体化集成装置、清水配水一体化集成装置、电控一体化集成装置共 4 类一体化装置,通过多橇组合应用,实现供水、清水处理、注水、供配电及数据采集控制等生产目标,从而可以满足快速建产和现场生产需求。

1. 清水水处理一体化集成装置

装置将加压泵、自清洗过滤器、PE 烧结管过滤器、气压罐、配电、变频器、仪表控制集成为一个组合装置,装置尺寸为长 10.1 m×宽 2.8 m×高 2.8 m。装置具有来水加压、过滤、计量、加药、在线反洗等功能,以 1 500 m³/d 注水站为例,站内设 1 套清水水处理一体化集成装置,含 2 个橇座,清水水处理一体化集成装置的效果图及实物图如图 4-10 所示。

（a）　　　　　　　　　　　　　　　　（b）

图 4-10　清水水处理一体化集成装置的效果图和实物图

（a）效果图;（b）实物图

2.清水注水一体集成装置

清水注水一体集成装置由立式过滤器、注水泵、仪表、管阀配件、橇座等组成,可以对精细过滤水进行升压,以满足注水井注入压力要求。装置尺寸为长 6.2 m×宽 2.6 m×高 1.8 m。装置具有来水升压、高压回流等功能,以 1 500 m³/d 注水站为例,站内设两套清水注水一体化集成装置。清水注水一体化集成装置的效果图及实物图如图 4-11 所示。

（a）　　　　　　　　　　　　　　　　（b）

图 4-11　清水注水一体化集成装置的效果图和实物图

（a）效果图;（b）实物图

3.清水配水一体化集成装置

清水配水一体化集成装置由注水汇管、压力变送器、管阀配件、橇座等组成,装置尺寸为长 4.6 m×宽 2.4 m×高 2.0 m。装置具有监测注水泵流量、压力,调控注水干线水量,监测干线压力、流量等功能。以 1 500 m³/d 注水站为例,站内设 1 套清水配水一体化集成装置。清水配水一体化集成装置的效果图及实物图如图 4-12 所示。

（a） （b）

图 4-12 清水配水一体化集成装置的效果图和实物图

(a)效果图;(b)实物图

4. 电控一体化集成装置

本装置实现了油气站场变配电、自控、通信三个专业的一体化集成,装置集成度高,装置尺寸为长 9.23 m×宽 3.0 m×高 3.15 m。装置具有供配电、变频调速、数据采集、流程切换、故障诊断、安全保护、站间通信等功能。以 1 500 m³/d 注水站为例,站内设 1 套电控一体化集成装置。电控一体化集成装置的效果图如图 4-13 所示。

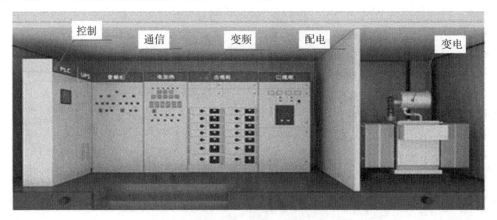

图 4-13 电控一体化集成装置的效果图

第四节 注水站立体布置

目前长庆油田小规模注水站主要采用临时注水橇的建站模式,广泛应用于超前注水以及偏远区域,现场适应性比较差,主要存在以下几方面的问题:

1)注水泵未变频、能耗高；

2)无水处理设施、水质不达标；

3)设施陈旧、故障率高；

4)边远小区块无法依托骨架站，新建站场征地困难；

5)设备噪声大，对周边噪声污染严重。

为应对油田地面建设用地征地难的现状，从而高效利用建设用地，长庆油田采用立体化布站的设计思路，对小规模注水站采用立体化设计，创新了小规模注水站的平面布置模式。立体化设计是将站内的储水单元和水处理-注水单元分层布置，单个功能区采用撬装化设计，工厂化预制，优化设备平面布局和工艺流程，大大减小了注水站的占地面积，同时缩短了小型注水站的设计周期和建设周期，实现了注水站依托井场建设，规避了重新征地的烦琐程序，提高了小型站场现场建设和运行适用性，现场应用效果良好。

一、设计原则和思路

(1)立体化布站原则

1)安全性。在满足工艺要求的前提下，整个系统能够安全平稳运行。

2)适用性。能够适用现场的生产需求，方便建设、安装、检修和维护。

3)经济性。能够降低成本，包括建设成本以及运行维护成本。

4)高效性。在满足站场功能的前提下，流程进一步得到优化，运行效率更高。

(2)总体思路

小型立体化注水站的设计是在常规注水站的基础上对平面布局进行优化的，结合流程的顺畅性、布局的合理性、结构的紧凑性进行立体化平面布置。常规注水站的平面布置图、小型立体化注水站的平面布置图分别如图4-14和图4-15所示。

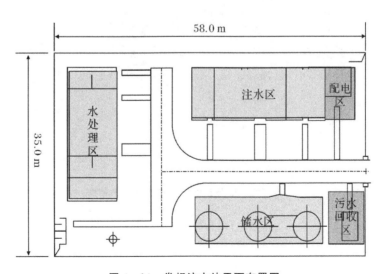

图 4-14 常规注水站平面布置图

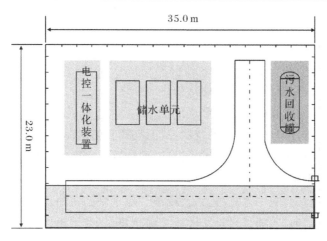

图4-15 小型立体化注水站平面布置图

小型立体化注水站将站内功能区划分为三个单元,分别为配电单元、储水-水处理-注水单元、污水回收单元。单个功能区采用成橇设计、工厂化预制、现场组装,大大缩短了设计周期和建设周期。其中,储水单元和水处理-注水单元进行分层布置,将储水箱叠合在同一个平面区域内,缩小了建构筑物占地面积,提高了空间利用率。分层布置的立体化注水站结构图如图4-16所示。

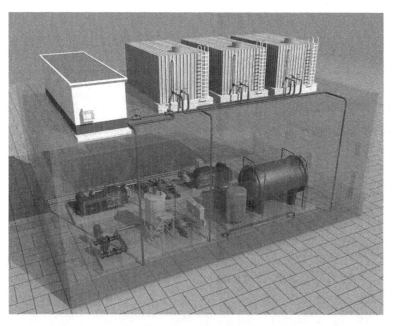

图4-16 分层布置的立体化注水站结构图

(3)立体化注水站的优势和特点

基于常规注水站和注水橇各自的优、缺点,立体化注水站需具备以下优势和特点。

1)能够变频调速控制流量大小,灵活调整余地大;

2)水处理设施齐备完整,注入水质达标;

3)布局紧凑,注水站占地面积小,最好可以依托井场建设,以减少征地;

4)具备完善的降噪措施,减少对周边环境的噪声污染;

5)设备成橇预制,现场组装,缩短设计周期和建设周期。

二、系统构成

立体化注水站按照不同功能进行分区,结合流程的顺畅性、布局的合理性、结构的紧凑性进行立体化平面布置。其主要包括框架泵房单元、储水单元、水处理单元、注水单元、配电单元、污水回收单元。

(1)钢结构框架泵房单元

采用立体化布站后,屋顶平台垂直荷载较大。由于屋面设备荷载较大,为满足建筑要求,注水泵房整体采用轻钢结构,墙体采用自重较轻的压型钢板,有利于降低结构整体自重,从而减轻对地基承载力的要求。相比以往传统混凝土结构,结构本身具有绿色环保优势,符合国家提倡的装配式建筑要求,结构本身可以拆除二次利用,大大减少了建筑垃圾。钢框架结构钢梁布置图如图 4-17 所示。

图 4-17 钢框架结构钢梁布置图

注水泵房进行了降噪设计,墙面安装吸音板,窗户和门安装隔音窗和隔音门,处理后,完全满足规范要求,有效解决了注水设备对周边环境的噪声污染。

(2)储水单元

储水单元采用方形钢制水罐,根据《油田注水工程设计规范》(GB 50391—2006)相关要求,储水设备的总有效容积可按注水站设计规模 4~6 h 的注水量计算,小规模注水站储水单元宜由简易储水箱组合而成,根据注水站设计规模来确定组合水箱的个数,该站由 3 具 40 m³ 的水箱组成,满足注水规模 300~500 m³/d 小型注水站的储水量。40 m³ 钢制储水箱现场安装图如图 4-18 所示。

图 4-18 40 m³ 钢制储水箱现场安装图

（3）水处理单元

水处理装置由自清洗过滤器、PE 烧结管过滤器、加压泵、隔膜式气压罐、加药机、仪表、智能控制系统、管阀配件、橇座等集成。采用两级过滤，具有加压、过滤、计量、加药、在线反洗等功能，净化水直供注水系统。清水水处理一体化装置示意图如图 4-19 所示。

图 4-19 清水水处理一体化装置示意图

该套装置通过"自清洗过滤技术"和"PE 过滤器自动切换技术"来实现水处理连续过滤及净化水直供注水系统，缩短了站内流程及水停留时间，提升了水质。备用精细过滤器，在过滤器出口设置稳流阀，在过滤器进出口总管设置差压计，检测滤前和滤后的压差，实现工作/备用过滤器的自动切换，保证过滤器连续运行。

（4）注水单元

采用成熟的清水注水一体化集成装置，将两台小排量往复式柱塞泵对称布置，将过滤器、阀门、管件、流量计与注水泵集成在一个橇座上，采用泵头回流。满足长庆油田单井配注量小的要求，便于调节注水泵排量，满足小排量注水。注水泵进口、出口采用减振软管，在装置配管上设置了固定支架,并配套减振胶垫等,以减轻注水泵振动。清水注水一体化集成装置示意图如图4-20所示。

图4-20　清水注水一体化集成装置示意图

注水泵采用变频技术,通过注水干线压力调节注水泵频率,使注水泵排量与下游配注量匹配,达到稳流注水的目的。

(5)配电单元

配电单元采用电控一体化集成装置替代传统注水站高压配电室、变压器室、低压配电室及控制值班室建筑结构房体,以适应长庆油田注水站向设计标准化、建设模块化、管理数字化的发展,实现注水站远程监控、无人值守,达到降低综合成本、提高数字化管理水平的目的,研制一种结构紧凑、成套性强、无人值守、可重复利用的注水站电控一体化集成装置。电控一体化集成装置示意图如图4-21所示。

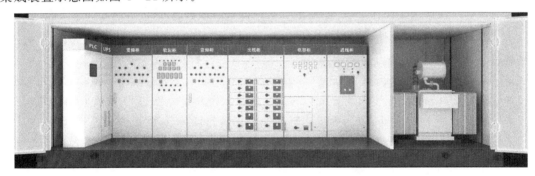

图4-21　电控一体化集成装置示意图

(6)污水回收单元

污水回收单元采用污水回收罐(埋地玻璃钢水罐)代替混凝土水池,以提高水资源利用率,减少外排水量,实现缩短施工周期、模块化安装的目的。污水回收罐内设斜板沉淀区,可以对污水进行初步沉淀,沉淀后的清水可再利用。

三、现场应用情况

立体化注水站目前已经在采油二厂镇 51 注水站投产运行,截至目前,已经安全平稳运行 100 天,累计注水量达 1.8×10^4 m³。注水站各项指标正常,均达到设计要求,实现了小型注水站立体化布置、井站合建、节省征地面积的目标。

小型注水站立体化布站作为一种新型的布站模式,成功解决了小型注水站现场适应性差的问题,节省了征地面积,提高了建设速度,实现了井站合建,使得超前注水以及偏远区域注水系统建设变得更加快捷、灵活。为后续中小型站场开展立体化布站设计提供了宝贵的设计经验及现场经验。随着油田"五化"的持续推广,立体化布站模式将会更好地服务于油田地面工程建设,推动油田二次发展和高质量发展。

第五节 一体化集成装置

一、采出水回注一体化集成装置

低渗透油藏、特低渗透油藏主要采用注水方式开发,在环保要求日益提高及水资源日趋宝贵的今天,油田采出水的有效回注利用就显得尤为重要。目前油田所用采出水回注设施均为采出水回注站,厂房和设备现场建设和工程量大,建设周期长;随着滚动开发,后期水量上升规模不能满足回注需求时,拆迁困难;注水泵房内的设备需分体搬迁,泵房需拆除后异地新建,施工难度较大。针对目前油田地面系统建设的特点,需研制出适应低渗透油藏开发,符合数字化管理、标准化设计、模块化建设要求的短流程、易搬迁的采出水回注装置,以适应油田采出水有效回注需求。采出水回注一体化集成装置是为满足小区块油田、滚动开发油区的初期以及开发后期的边缘区块采出水回注需要、实现供水和注水一体化而设计的,是将喂水泵、过滤器、闸阀、注水泵、回流阀、高压自控流量仪和控制柜等设备整体集成,可以实现一车拉运、整体搬迁、重复利用、智能控制、无人值守。

采出水回注一体化集成装置于 2013 年在姬塬油田的姬二十九接转注水站开始试用,该装置设计规模为 200 m³/d,配注为 100 m³/d 左右,运行状况良好。2014 年继续应用 4 套,分别位于姬塬油田的姬十转、姬十二转、姬十四转和姬二十转,目前运行状况良好。

采出水回注一体化集成装置已形成系列化,规模分别为 100 m³/d、200 m³/d、300 m³/d,每种规模设计压力有 3 种(16 MPa、20 MPa、25 MPa),共计 9 种。该装置真正做到了远程控制启停,无人值守,数字化水平达到国内领先水平。该装置的成功研制也大大缩短了工程建设周期,且投资少、占地小、节约能源、安全环保,很好地适应了油田滚动开发的需要。该橇的成功研制是注水地面工程系统一次质的飞跃。

1. 装置简介

采出水回注一体化集成装置主要由喂水泵、过滤器、闸阀、注水泵、回流阀、高压自控流量仪和控制柜等设备组成。净化后的采出水经喂水泵喂水、过滤器过滤、注水泵升压、配水装置计量和调节后,被回注到地层。该装置将所有设备、阀门以及工艺管线集中安装在 7.0 m×2.6 m 的橇座上,是适应超低渗透油藏采出水回注的重要装备,它不仅符合数字化管理、标准化设计、模块化建设的理念,而且具有短流程、易搬迁、快捷方便的功能优势。

该装置采用过滤、升压、计量、回流及配注一体化设计,工艺流程简单,借助远程监控生产动态及数据,可做到无人值守。注水泵、喂水泵、过滤器及配水装置集成橇装化,易搬迁,节省投资,可实现移动式采出水回注,在满足油田前期开发需要的同时,可以缩短生产安装周期,节约占地面积。

其主要特点:①升压、计量、回流及配注一体化,操作简单,节省投资;②远程监控采出水回注一体化集成装置生产运行动态,可以做到无人值守;③满足油田采出水回注需要,同时还能大大缩短生产安装周期;④依托井场露天布置,节约了占地面积,降低了工程投资;⑤橇体自带配水装置,回注方便。

采出水回注一体化集成装置实物图如图 4-22 所示。

图 4-22　采出水回注一体化集成装置实物图

2. 工艺流程

整个注水流程为密闭流程。采出水处理装置经喂水泵喂水、Y 形过滤器过滤后(喂水泵发生故障时,可不经喂水泵,直接通过旁通将采出水供给注水泵),通过注水泵升压,经过高压分水器控制、计量,将达标注入水直接配注至注水井,或将达标注入水输送至站外注水管网,再通过移动配水阀组配注至注水井。

注水工艺流程示意图如图 4-23 所示(框内为橇体内主要设备)。

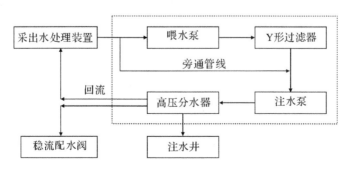

图 4-23　采出水回注一体化集成装置流程示意图

采出水回注一体化集成装置的部件示意图如图4-24所示。

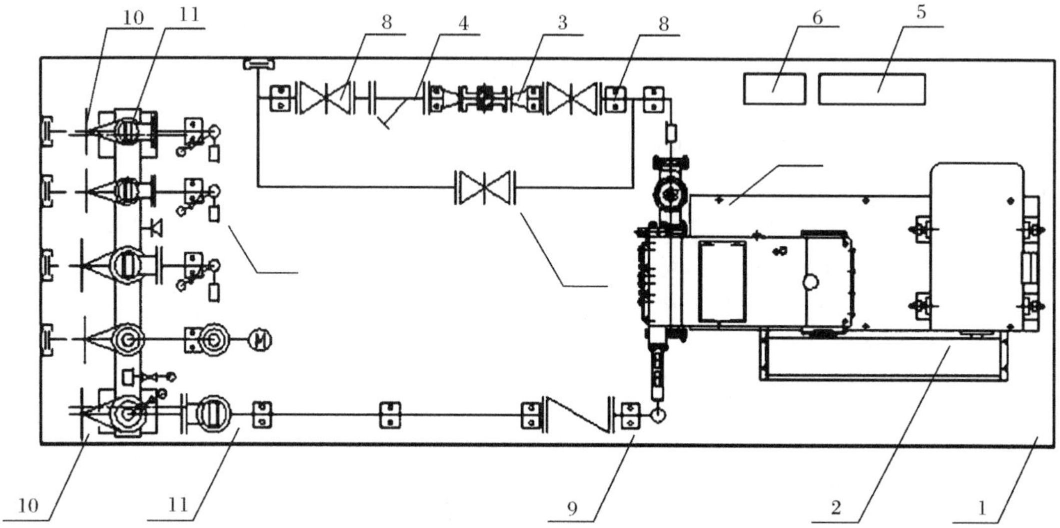

图4-24　采出水回注一体化集成装置部件示意图

1—橇座；2—注水泵；3—喂水泵；4—Y形过滤器；5—配电箱；6—仪表箱；7—电动多级调节阀；
8—旁通闸阀；9—止回阀；10—高压闸阀；11—流量计；12—压力表；13—减震器

（1）正常状态（流程一）

关闭旁通闸阀8，工作时，净化采出水通过闸阀8，进入Y形过滤器4；过滤后，通过喂水泵3、闸阀8供给注水泵2；净化采出水由注水泵2升压至注水系统要求压力，通过止回阀9、流量计11计量、阀10控制进入分水器；分水器内的采出水经高压闸阀10控制、流量计11计量配注至站外管网或直接配注至注水井；采出水由注水泵2升压后，多余水经过高压闸阀10，由电动多级调节阀7调控、泄压后，回流至储水罐。

（2）喂水泵维修状态（流程二）

在正常状态运行时，要维修喂水泵。先打开旁通闸阀8，然后关闭喂水泵3前后的闸阀8，停运喂水泵3。净化采出水直接经旁通闸阀8进入注水泵，经注水泵升压后配注。

3. 关键技术及创新点

（1）关键技术

1）采出水回注一体化集成装置采用智能控制、无人值守、生产数据远程监测技术，可实现对采出水回注一体化集成装置注水泵、喂水泵自动起停泵的智能控制，可实现监视、控制注水泵及喂水泵的运行状态、注水泵进出口压力、注水支线流量计量、注水干线流量计量相关数据并远程显示。

2）注水泵应用变频调速器闭环控制技术。注水泵应用变频调速器闭环控制技术，可降低高压回流产生的能量损耗。同时，可将智能精控注水仪流量信号、数字压力变送器压力信号反馈给PLC控制系统，通过变频调节，使注水泵排量与注水井配注量匹配，达到稳流注水的目的。

3）注水设备露天化布置保温、防风技术。所有设备及管线采用电伴热带保温，具有防冻、防风的作用。施工顺序为:管线外防腐—缠绕电伴热带—捆扎保温层—包覆保护层,所有设备均用地脚螺栓固定在橇座上,以固定设备。

4)数字化的测控技术。变频仪表柜可实现对注水泵进行变频控制及对电动阀等设备进行动力配电,以及对橇内工艺设施的生产过程数据进行集中采集和监控。该控制系统可与上位管理系统进行数据通信,上传本站的重要生产运行数据,并接收上位管理系统的控制指令。

5)智能控制及连锁保护技术。将喂水泵、注水泵进口压力信号和出口压力信号引入变频控制柜,通过配套PLC远程智能控制系统,远程控制注水泵的启停并采集数据,将数据分析上传。

6)装置减振、防振技术。注水设备集中在一个橇座上,增压高压注水泵产生振动,会使设备、管线及电气元件松动,法兰连接处的密封面易出现滴漏现象,仪表信号传输不连续,影响正常注水生产。针对上述情况,在装置安装过程中采用减振软管、减振胶垫等,可有效降低注水泵振动。

(2)创新点

1)采出水回注一体化集成装置无人值守、生产数据远传监测。实现了采出水回注一体化集成装置生产过程的监视、控制,可监测注水泵及喂水泵运行状态、注水泵进出口压力、注水干线及支线压力及流量(瞬时、累积)计量相关数据并远程显示,具备电动多级调节阀远程控制功能。站内无人值守,远程监控采出水回注一体化集成装置生产运行动态,并且悬挂“高压危险”警示牌。

2)加设净化后采出水直供注水泵流程。在喂水泵发生事故的状态下,采出水可以不经过喂水泵,通过旁通直供注水泵,利用来水余压给注水泵供水,要求净化后的采出水连续直供采出水回注一体化集成装置。

4.装置控制及供配电

1)检测注水装置压力、流量数据并实现远传。

2)远程控制注水装置电加热启停,温度超过0℃时,停止加热。

3)装置供电(电加热、喂水泵供电、注水泵供电):从电控柜直接引电缆,电控柜电源接至站场配电室或井场柱上变压器。

采出水回注一体化集成装置露天布置,若放置于井场,则需要根据装置用电负荷更换柱上变压器,配电箱、仪表箱电源均引接于井场新增的柱上变电站低压配电箱内。信号数据依托井场传输设备上传,通过井场传输系统,传输至上位管理系统。

5.数字化内容

(1)控制内容

1)流程一:人工干预启泵(就地手动启泵或远程人工遥控启泵),关闭旁通处的闸阀,开启喂水泵前后的闸阀,当喂水泵进口压力大于设定值(可修改)时,开启喂水泵,当注水泵进口压力大于设定值时,开启注水泵。当注水泵的进出口压力超过规定值时会报警,并连锁停注水泵,顺序停喂水泵。

通过注水泵出口压力(设定值可修改)来调节注水泵变频器的频率,以实现注水压力的自动调节。

2)流程二:人工干预启泵(就地手动启泵或远程人工遥控启泵),关闭喂水泵前后闸阀,开启旁通闸阀,当注水泵进口压力大于设定值时,开启注水泵。当注水泵的进出口压力超过规定值时报警,并连锁停注水泵,顺序停深井泵。

通过注水泵出口压力(设定值可修改)来调节注水泵变频器的频率,实现对注水压力的自动调节。

(2)监测内容

监测喂水泵的运行状态;监测注水泵的进、出口压力及出口流量,注水泵超低、超高压保护;监测注水泵的运行状态及三相电流、电压及功率等参数;监测注水泵变频器的运行频率;监测注水干线、支线压力及流量(瞬时、累积);电动多级调节阀远程启停、控制。

二、增压注水一体化集成装置

增压注水一体化集成装置集高压来水过滤、增压、计量、控制于一体,由增压泵、控制系统、阀门、计量仪表及橇座等组成,可远程监控生产运行动态,对高压来水二次增压,增大干线末端压力,满足注水井压力和流量要求,实现无人值守。

增压注水一体化集成装置可缩短设计周期 50% 以上,缩短建设周期 40% 以上,减少占地面积 30% 以上,降低工程投资 20% 以上。

三、智能移动注水装置

智能移动注水装置规模为 200 m³/d、500 m³/d,最高工作压力分别为 16 MPa、20 MPa、25 MPa 三个等级。注水泵采用高压离心泵和高压往复式柱塞泵,注水泵采用露天布置和室内布置两种形式。水处理装置采用成套多级精细水处理装置。储水罐为 30 m³ 方形外置支撑筋水箱,采用方形气囊隔氧装置密闭。设置旁通,水源井可直供注水泵,通过数字化及自动化实现泵到泵的短流程设计。实现站内生产过程监视、控制、数据存储及上传、过程报警等,可为数字化管理系统提供实时数据。

1. 装置组成

该注水橇依托井场露天布置,主要由水箱、注水泵、成套水处理装置、控制系统、阀门系统、计量仪表及橇座组成,集水源来水、过滤、加药、升压、计量、回流于一体,所有设备、阀门以及工艺管线集中安装在长 8.2 m×宽 2.4 m 的橇座上,智能移动注水装置实物图如图 4-25 所示。

图 4-25 智能移动注水装置实物图

2. 主要功能

智能移动注水装置主要应用于油田开采前期超前注水和边远小区块注水,可代替常规橇装注水站,是长庆油田在超低渗透油藏注水方面的一次重大技术创新。智能移动注水装置供水、注水一体化,操作简单,满足油田前期开发需要,能大大缩短生产安装周期,依托井场露天布置,节约占地面积,节约工程投资。同时,采用隔氧装置,确保整个注水流程的密闭性。

注水橇整体功能相当于一个注水站及其附属设施,以往长庆油田地面骨架注水站建设周期一般为 3 个月左右,需要较大规模的地面产建队伍,建成后投运需要近 10 名职工轮流倒班值守,注水站都是高压运行,安全风险也较大。在本次的整个投运过程中,从拉运到主体完工,有效工作时长不到 10 天。如果需要,该橇还可以迅速拆除换到另一个更合适的井场,它投运后依托数字化井场现有数据线接驳数字化指挥中心,实现了数字化管理,真正实现了"整体搬迁、重复利用、智能控制、无人值守、节约成本、降低安全风险"。

3. 装置的智能化水平

管理数字化、操作智能化,通过装置所配的 RTU 远程终端控制系统,集成注水装置实时数据采集、远程启停、危害预警等功能,对装置及水源井生产情况进行实时监测和日常管理,同时通过远程终端控制系统,使装置达到供水、注水一体化操作,实现了注水泵、喂水泵、水源井深井泵远程启停,可监测运行状态,实现无人值守。

4. 装置特点

1)供水、注水一体化,操作简单,节省投资。

2)远程监控注水装置生产运行动态,可以做到无人值守。

3)满足油田前期开发需要,同时还能大大缩短生产安装周期。

4)依托井场布置,节约占地面积,降低了工程投资。

5. 实施效果

该装置申请专利 4 项。在装置推广前,通过了长庆油田产品鉴定。2010 年 5 月 27 日,首台智能移动注水装置在第八采油厂姬塬油田樊学区阳 56－47 主井场顺利投产。经过现场生产运行,装置各项功能(包括过滤、加药、升压、计量等)均得到测试,经全面测试,设置的三种流程全部符合设计要求,装置自动控制流程运行方案满足现场各种生产工况的要求。工艺流程得到进一步优化:站场占地面积减少 60%以上,工程投资降低 20%以上,设计和建设周期缩短50%以上。

第五章　站外系统

第一节　管材简介

注水管道从材质上分为金属管道和非金属管道两大类。其中,金属管道主要应用于注水站场内,非金属管道主要应用于采出水回注站外系统及部分腐蚀严重区块的清水注水系统。

长庆油田站外注水系统管道管材选用原则如下:

1)站外清水注水管道采用无缝钢管,管材选用《石油天然气工业　管线输送系统用钢管》L245N(GB/T 9711—2017);腐蚀性强的清水站外注水管道可采用非金属管道。

2)前期注清水、后期改注采出水的注水管道及采出水注水管道均采用非金属管道。

3)采出水外输管线或前期输清水、后期输采出水的外输管线按照非金属管道进行设计。

一、金属管道

近年来,长庆油田站内注水系统主要应用金属管道,金属管道的类型均为无缝钢管,站内应用的金属管道主要包含《高压锅炉用无缝钢管》(GB/T 5310—2017)、《石油天然气工业　管线输送系统用钢管》(GB/T 9711—2017)等;站外系统应用的金属管道主要包括《输送流体用无缝钢管》(GB/T 8163—2018)、《高压锅炉用无缝钢管》(GB/T 5310—2017)、《石油天然气工业　管线输送系统用钢管》(GB/T 9711—2017)等。目前站内、站外所用金属管道均为《石油天然气工业　管线输送系统用钢管》(GB/T 9711—2017)。

金属管道的施工、无损检测、试压等相关要求如下。

1.站内部分

(1)施工

长庆油田各采油厂所属区域基本为湿陷性黄土地区,站内注水系统各注水管线以埋地敷设为主,在个别站场试点注水管线的地面敷设。

站内注水管线以埋地敷设为主,管线全部安装在管沟内,站场外改为直接埋地敷设。

(2)无损检测

注水管线选用石油天然气工业管线输送系统用无缝钢管(L245N　PSL2),无损检测检查的比例及合格验收的等级应符合下列要求:

1)优先采用超声波检测,采用射线检测复验。

2)采用超声波检测时,直管段射线抽查复验比例及合格级别应符合表5-1的要求。

表 5-1　无损检测抽查比例及合格级别

设计压力/MPa	超声波检测		射线检测	
	抽查比例/(%)	合格级别	抽查比例/(%)	合格级别
$p > 16$	100	Ⅱ	100	Ⅱ
$p \leqslant 1.6$	50	Ⅲ	5	Ⅲ

3)弯头、带颈法兰等与直管对接的环焊缝,应进行100%射线检测,Ⅱ级合格。

4)当管道壁厚小于5 mm或公称直径小于50 mm时,采用100%射线检测,合格级别应符合表5-1的要求。

5)管道连头段、穿越站场道路段的对接焊缝,应进行100%射线检测和100%超声波检测,$p \leqslant 1.6$ MPa,均为Ⅲ级合格;$p > 16$ MPa,均为Ⅱ级合格。

6)无法进行超声波或射线检测的焊缝,应按《石油天然气钢质管道无损检测》(SY/T 4109—2020)的要求进行磁粉或渗透检测。

(3)试压

站内注水工艺管线试压采用液压试验,执行《油田注水工程施工技术规范》(SY/T 4122—2020),液压试验应符合下列规定:

1)液压试验应使用洁净水。

2)试验前,注液体时应排净空气。

3)试验时,环境温度不宜低于5℃,否则应采取防冻措施。

4)液压试验的强度试验压力应为设计压力的1.5倍,严密性试验压力应等于设计压力。

5)当设备和管道作为一个系统进行压力试验时,当管道系统的试验压力等于或小于设备的出厂试验压力时,应按管道的试验压力进行试验。当管道系统试验压力大于设备的试验压力,且设备的试验压力不低于管道设计压力的1.15倍时,经建设单位和设计单位同意,可按设备的试验压力进行试验。

6)进行高压管道液压试验时,升压速度在试验压力达到设计压力之前不宜大于250 kPa/min,达到设计压力后不宜大于100 kPa/min。在压力分别升至设计压力的50%、100%、125%时,各稳压10 min,检查管道无异常后,继续升压至强度试验压力,稳压时间为10 min。检查管道状况合格后,将压力降到设计压力,进行严密性试验,降压速度不超过500 kPa/min,稳压30 min。以压力不降、无渗漏为合格。

7)进行其他管道液压试验时,试验压力应缓慢上升,压力分别升至试验压力的30%和60%时,各稳压10 min,检查管道无异常后,继续升压至强度试验压力,稳压时间为10 min,合格后将压力降到设计压力,进行严密性试验,稳压30 min。以压力不降、无渗漏为合格。

2. 站外部分

(1)施工

1)钢质注水管线平面走向或竖向走向的改变,应采用弯头或弹性敷设方式,弹性敷设弯管曲率半径不应小于1 000倍管外径,现场冷弯弯管曲率半径不应小于40倍管外径。

2)管道敷设。注水管线埋地敷设,对悬空及埋深不足的管段必须采取保温措施。注水管线和集输管线交叉时,应遵循"水让油、小让大"的原则。

同沟敷设钢质管线水平净距不得小于200 mm,非金属管线与钢质管线水平净距不得小于 400 mm,并宜用细土隔开,同一管沟内敷设多条非金属管线时,相邻管线间距应符合表5-2中规定的最小净距要求。

表 5-2　　管线最小水平净距　　　　　　　　　　　　　　　　单位:mm

管线最小水平净距		公称直径(内径)DN	
		40~100	125~150
公称直径(内径)DN	40~100	200	300
	125~150	300	300

3)非金属管线与其他管线交叉时,宜从下面穿越,垂直净距不宜小于 300 mm,当条件不能满足时,可从上面穿越,垂直净距不宜小于 300 mm。管线与埋地电力、通信电缆交叉时,垂直净距不应小于 500 mm,且应采用相应的防护措施。

(2)无损检测

站外钢质注水管线直管段采用超声波检测,且应进行射线抽查复验,检测抽查比例及合格级别应符合表5-3的要求。弯头、三通等与直管对接的环焊缝,应进行 100% 射线检测,合格级别应符合表5-3的要求。

表 5-3　　无损检测抽查比例及合格级别

设计压力 p/MPa	超声波检测		射线检测	
	抽查比例/(%)	合格级别	抽查比例/(%)	合格级别
$p>16$	100	Ⅱ	100	Ⅱ

1)对不能试压的管道焊缝,应进行 100% 超声波和 100% 射线检测,合格级别应符合表5-3的要求。

2)当管道壁厚小于 5 mm 或公称直径小于 50 mm 时,应采用 100% 射线检测,合格级别应符合表5-3的要求。

(3)试压

站外注水管线试压介质采用清水,石油天然气工业管线输送系统采用无缝钢管(L245N PSL2),试压的静水压力为设计压力的 1.5 倍,严密性试验压力应等于设计压力。

二、非金属管道

非金属管道具有优良的耐腐蚀性和较低的水力摩阻,近几年在长庆油田地面工程建设中得到了较大规模的应用,对减缓钢质管道腐蚀、节省投资、降低维护成本发挥了重要的作用。

注水站外系统使用的非金属管道主要包括高压玻璃纤维管线管、热塑性塑料内衬玻璃钢复合管、柔性复合高压输送管 3 种非金属管材。

1)高压玻璃纤维管线管:简称高压玻璃钢管,采用无碱增强纤维作为增强材料,环氧树脂和固化剂为基质,经过连续缠绕成型、固化而成。高压玻璃钢管是一种增强热固性非金属管,根据所采用的树脂种类,主要分为酸酐固化玻璃钢管和芳胺固化玻璃钢管两种。

2)热塑性塑料内衬玻璃钢复合管:以内管(聚乙烯、增强聚乙烯塑料或多种塑料合金)为基体,外管采用无碱增强纤维和环氧树脂连续缠绕成型。塑料合金管的基体是热塑性塑料管,增强层为玻璃纤维和热固性树脂。它是一种增强热固性非金属管。

3)柔性复合高压输送管:以内管(热塑性塑料管)为基体,通过缠绕聚酯纤维或钢丝等材料增强,并外加热塑性材料保护层复合而成。柔性复合管是一种柔性的增强热塑性非金属管。

1. 设计选型依据

(1)管线适用范围

不同类型的非金属管道有不同的适用范围和使用条件,见表5-4。

表5-4　三种非金属管道的适用条件和范围推荐

管材类型	应用范围	管径/mm	允许使用压力/MPa	允许使用温度
高压玻璃钢管	供水	DN40~DN200	10	常温(酸酐固化)
	注入 (注水)	DN40~DN100	25	常温(酸酐固化)
		DN150	16	
		DN200	14	
热塑性塑料内衬 玻璃钢复合管	供水	DN40~DN200	10	常温
	注入(注水)	DN40~DN100	25	常温
		DN125~DN200	16	常温
柔性复合 高压输送管	注入(注水)	DN40、DN50、DN65	25	常温
		DN80、DN100	16	常温
	注入(注醇)	DN15、DN25	32	常温
		DN40、DN50	25	常温

随着温度升高,非金属管材的承压能力明显降低,一般用压力修正系数来修正各种管材不同使用温度下的允许使用压力。

高压玻璃钢管服役温度为66℃,热塑性塑料内衬玻璃钢复合管、柔性复合高压输送管的压力修正系数见表5-5。

表5-5　热塑性塑料内衬玻璃钢复合管、柔性复合高压输送管在
不同温度下的公称压力修正系数

温度 $t/℃$	$0<t\leqslant20$	$20<t\leqslant30$	$30<t\leqslant40$	$40<t\leqslant50$	$50<t\leqslant60$	$60<t\leqslant70$
修正系数	1	0.95	0.9	0.86	0.81	0.7

(2)管线选取原则

非金属管材的总体选用原则:管径 DN100 以下的管道可选用高压玻璃钢管、热塑性塑料内衬玻璃钢复合管或柔性复合高压输送管;管径 DN100(含 DN100)以上的管道可选用高压玻璃钢管、热塑性塑料内衬玻璃钢复合管;高压玻璃钢管道仅用于压力为 16 MPa(含)以下的管道。

除上述总体要求外,非金属管道的选取还应符合以下要求:

1)非金属管道的使用压力、温度应能满足油田生产管道设计条件(如管道解堵等)下的最

高压力、最高温度要求。

2)管材选用应根据技术性和经济性,优选技术性能满足要求、经济性合理的产品。

3)井口 20 m 范围内不宜采用非金属管道。

2. 施工要求

(1)线路选取原则

1)管道应尽量取直以缩短建设长度,应尽量不破坏沿线已建设施,尽量少占耕地。

2)管道宜与其他管道、道路、供配电线路、通信线路组成走廊带。

3)管道宜避开滑坡、崩塌、泥石流、沉陷等不良工程地质区以及矿山采空区、活动断裂带,当受地形限制必须通过上述区域时,应选择灾害程度相对较小的区域通过,并采取必要的安全措施。

4)工作介质为采出水的管道,应避让环评报告中的环境敏感核心区,环境敏感核心区以外的地区,应按照环评报告中提出的建议采取必要的防护及预防措施,然后方可通过。环境敏感区应以环评报告为准。

(2)管线安装

1)管道间距。非金属管道不宜与金属管道同沟敷设。必须同沟敷设时,为防止安装金属管道时损伤非金属管道,应先安装钢管,后安装非金属管道。非金属管道与金属管道的净间距不应小于 400 mm,并宜用细土隔开。

同一管槽内敷设多条非金属管道时,相邻管道间距应符合表 5-6 中规定的最小净距要求。

表 5-6 管道最小水平净距 单位:mm

管道最小水平净距		公称直径(内径)DN	
		40～100	125～150
公称直径(内径)DN	40～100	200	300
	125～150	300	300

非金属管道与其他管道交叉时,宜从下面穿越,相互净距不宜小于 300 mm。当条件不能满足时,可从上面穿越,相互净间距不宜小于 300 mm;管道与埋地电力、通信电缆交叉时,其垂直净距不应小于 500 mm 且应采取相应的防护措施。

2)最小弯曲半径。非金属管道宜弹性敷设,最小弯曲半径应符合下列规定:

高压玻璃钢管、热塑性塑料内衬玻璃钢复合管,弯曲半径不应小于表 5-7 的规定。

表 5-7 高压玻璃钢管、热塑性塑料内衬玻璃钢复合管最小弯曲半径 单位:mm

公称直径 DN	40	50	65	80	100	125	150
最小使用弯曲半径	30	38	45	55	72	85	100

柔性复合高压输送管,弯曲半径不应小于表 5-8 的规定。

表 5-8 柔性复合管最小弯曲半径

公称直径 DN	40	50	65	80	100	150
最小存储弯曲半径/m	1.3	1.3	1.3	1.4	1.6	2.0
最小使用弯曲半径/m	2.0	2.0	2.0	2.1	2.4	3.0

3）支撑、固定及稳管。

设置支撑、固定时应遵循以下原则：避免线接触和点载荷；防止震动与磨损；避免过度弯曲。

非金属管道在出土前3～5 m处应转换成金属管，金属管应与非金属管保持平直，并在钢管一侧靠近接头处设置固定支座。

采用弹性敷设的高压玻璃钢管、塑料合金管，直管段应根据使用经验或通过计算确定是否需要采用固定支座。

非金属管道上有弯头、三通、异径接头处，宜设置止推座。止推座采用C25混凝土现场浇注。对于DN100以下规格（包括DN100）的管道，止推座每侧的厚度至少应为200 mm；DN150以上规格（包括DN150）的管道，止推座每侧的厚度至少为500 mm。安装示意图如图5-1所示。

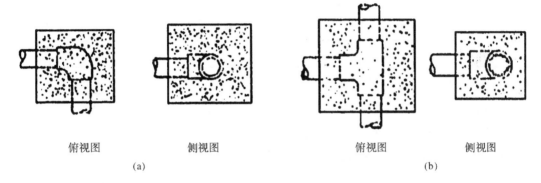

俯视图　　　　　　侧视图　　　　　　　　俯视图　　　　　　侧视图
(a)　　　　　　　　　　　　　　　　(b)

图5-1　止推座安装示意图
(a)弯头；(b)三通

特殊地段管道的固定要求如下。

低洼地段：在地下水位较高地段敷设管道时，宜用沙袋将管道压实在沟底以防止管道漂浮。每处压沙袋的数量为2～8只（沙袋质量为40～50 kg），间距为30～60 m。如果上述地段的直管线长度超过500 m，则应按照表5-9的要求在直管线上加装混凝土固定锚块，用带橡胶垫的卡箍将管道与混凝土固定锚块连接在一起，或者将管道的接头用橡胶板包缚后直接浇注到固定锚块内，在此类地段浇注固定锚块时必须采取排水措施，固定锚块的受力面要浇注在管沟的原土层上。

流沙和多石地段：在流沙地段敷设管道时，需要在管线的下方和上方同时压沙袋，下方的沙袋数为2～4只，上方的沙袋数为4～8只，间距为30～60 m。非金属管道一般应避开石方带，局部通过多石和硬土地带时，管沟底部宜铺设200 mm细沙或细土；在管道下沟后，管道周围应用细沙或细土覆盖作为保护层，保护层的厚度不应小于200 mm。并按照表5-9的要求加装固定锚块。

当管沟带坡度大于45°且管沟的坡长度大于单根管线长度时，需在斜坡顶端和底端设置固定锚块。固定锚块质量按表5-9选取。

表 5-9　固定锚块尺寸、间距

公称直径/mm	固定锚块受力面积/(mm×mm)	固定锚块质量/t	固定锚块间距/mm
DN40	440×440	5	650
DN50	550×550	5	650
DN65	650×650	5	650
DN80	650×650	5	400
DN100	740×740	10	400

4)穿越。非金属管道仅限于宽度 10 m 以内公路、水渠的穿越。穿越时,管道应采用钢质套管保护,套管的长度应以左右两端各超出穿越路段 1 m 为宜。安装套管时必须保证套管与管沟在一条直线上,套管内每隔 1 m 应在管体上安装一组塑料套管支架将金属管道与钢套管隔开。穿越套管两端宜采用沥青麻刀进行端部密封。钢套管直径选择见表 5-10。

表 5-10　管道穿公路套管尺寸　　　　　　单位:mm

管道公称直径(DN)	≤50	65	80	100	150
套管公称直径(DN)	150	200	200	200	250

其余穿跨越管道应采用对应公称直径和公称压力的 20♯ 无缝钢管。

5)管道标志。管道应在起点、折点、终点、穿越、交叉段的两端设置管道标志桩,且宜在管道沿线每隔 0.5 km 处设置管道标志桩,标志桩的间距可根据油区管道密集情况作适当调整。

(3)清扫及试压

1)管道连接完毕后应进行清扫和试压,宜采用空气吹扫,采用清水试压。

2)试压前,应制定试压方案,报建设方批准后执行。试压应由建设方、施工方、施工监理共同进行,必要时,可请制造商参与试压。

3)当进行压力试验时,应划定禁区、设置警示带,无关人员禁止进入作业区。

4)不同类型的非金属管道试压管段的长度应视管道管径、压力、管网结构等情况而定。一般情况下,试压长度宜小于 2 km。对缺水地区或特殊地段,可适当延长管道试压长度。

5)冬季进行水压试压时,应采取防冻措施,试压后及时放水。

6)试压条件:①管道连接安装应检查验收合格,埋地管道除接头接口外,已按回填与压实要求回填至管顶以上 500 mm 并压实到要求的压实度,混凝土止推座和固定锚块已凝固;②试压管段上的所有敞口应封堵和无泄漏,对试压有影响的设备、障碍物已消除;③试压和排水设备准备就绪,试压泵、压力表应检查、校验合格;④试压用的压力表应经过法定计量机构检定合格,并在有效期内,其精度等级不应低于 1.5 级,表盘直径不应小于 150 mm,量程宜为最大试验压力的 1.5 倍;⑤每一个试压系统至少安装两块压力表。

7)试压要求:①试压介质应为清水,水温宜与环境温度一致,冬季试压水温不应低于 5℃。②强度试验的静水压力应为设计压力的 1.25 倍。③管道强度试压应缓慢进行,加压增量每分钟不宜超过 0.7 MPa。压力分别升至试验压力的 30% 和 60% 时,各稳压 30 min。检查管道无异常后,继续升压至强度试验压力,保压 4 h(当温度变化或其他因素影响试压准确性时,可适当延长稳压时间),检查管道各部位和所有接头、附配件等,若压力降不大于管道工作压力的1‰且不大于 0.1 MPa,接头无渗漏,则管道强度试压为合格。④强度试压合格后,应将压力降低到设计压力进行严密性实验,保压 24 h,各部分无渗漏为合格。管材膨胀或温度变化导致压力波动超过试验压力的±1‰时,允许补压或泄压到设计压力。⑤对位差较大的管道,应将试压介质的静压计入试验压力中,液体管道的试验压力应以最高点的压力为准,但最低点的压力不得超过设计压力的 1.5 倍。

8)试压验收合格后应进行扫线,清除管道中的积水,并应按回填要求对管沟全部回填。

9)试压完毕应及时填写管道试压记录。

第二节 注水管道布置

一、站内部分

注水管道应结合站内设施功能,确保上游水处理系统和站内排水系统流程通畅、安装方便。

注水泵房中的管道布置,除应满足生产要求和前述布置的一般要求外,还应考虑以下几点:

1)管道与墙或基础平行布置时,净距一般不小于 0.4 m。

2)管道之间净距:DN80 以下管道,应不小于 0.1～0.2 m;DN100～DN250 管道,不小于0.2～0.25 m;DN300 及其以上为 0.3 m。注水泵出水管宜高架布置,泵吸水管宜低架布置,其余管道一般应埋地敷设。

3)埋地敷设管道,应尽量避免上下交叉,否则管间垂直净距应不小于 0.1 m。

4)工艺管道的布置应与热力管、电缆沟、配电柜(箱)及土建门窗相协调,保证安装位置合理。

二、站外部分

(1)一般要求

1)应根据注水站、配水间(稳流配水阀组)、注水井的相对位置,合理选择注水管道的走向。注水干线、支干线、支线应协调一致,尽量做到管路短,工程量少,投资少。

2)注水管道线应尽量少占农林用地,避开工业、民用文物建(构)筑物,避开易水淹、滑坡、塌方、高侵蚀土壤等地区和环境,尽量减少穿越主要公路、河渠和山脊。

3)注水管道不得从建(构)筑物下面穿过。在穿越建(构)筑物地区时,管道和建(构)筑物之间要有一定的防护距离,防护距离根据《湿陷性黄土地区建筑规范》(GB 50025—2004)要求确定。

4)注意考虑与道路、油气水管道、电力线、通信线等的关系。

5)注水管道的布置应有利于施工、生产管理及维护。

6)注水管道的布置应考虑相关注水管网的连接,以及远近期结合和分期建设的可能性。

(2)注水管道截断阀的布置

1)为方便管理、有利于维修,在较长的注水干管上应每隔 2 km 设置一个截断阀。

2)在注水干管与较长的支干管连接处以及支干管上应设截断阀。

3)在截断阀的一侧或两侧应设置扫线、放空阀。

4)截断阀宜布置在地势较高、有利于操作、方便维修的地方,一般采用阀门井安装方式。

第三节　注水管道敷设方式

一、一般要求

1)管道敷设应首先注重安全设计,既要使管道不易被破坏、损伤,又要防止因泄漏而对周围环境造成不利影响。

2)管道敷设应注意合理布局,有利于管理和维护,方便施工。

二、注水管道埋地敷设

油田注水管道多采用埋地敷设,在充分考虑本地区地形地貌及冬季土壤冻层深度的情况下,一般应敷设在冻层以下。在非冻区或冻层较浅的地区,敷设深度应不小于自然地面以下0.7 m。可不设管堤,管道位置走向可由地面标志桩辨认。

1)埋深要求:考虑行车承重、耕地深度、冻层深度、地下水位、保温效果、穿越条件等因素,管顶埋深一般不小于0.8 m。

2)在寒冷的冻土地区,注水管线管顶埋深应在冰冻线以下 0.2 m;含油污水管道由于水温较高,经计算后可以浅埋。

3)管道间距包括注水管道间距、注水管道与其他管道并列敷间距以及设计应保证维修的间距,一般净距不小于 0.35 m。

三、注水管道的架空敷设

注水管道架空敷设主要是指河渠跨越、山区沟谷跨越,或穿过小面积的洼地、湖泊时采取的一种方式。

1)对寒冷地区的低架管道应予以保温,保温层厚度、保温材料、保温方式根据具体环境条件而定。保温管线一般应设高度为 0.1～0.2 m 的滑动管拖,以利于保温层的施工。

2)注水管道采用管墩架空敷设时,管道管线距地面不应小于 0.35 m,注水管线采用管架敷设时,管道管线距地面不应小于 1.9 m,经常有人通过的地方,不应小于 2.2 m,有车辆通过的地方,不应小于 4.2 m。

注水管道架空敷设的特定要求:在山区敷设时,除避开山洪、雪崩、滚石、滑坡、滚木等危险地带外,当管线坡度大于 15°时,管线应设支撑挡墩,以防止管线下滑。

消除架空注水管道的热应力:架空的注水管道在温度发生变化时,会出现膨胀或伸缩的变形,这种变形受到约束时,在管道内产生热(冷)、拉(压)应力,这种应力不消除,注水管道将受到破坏。消除的方法是利用管道敷设中的自然弯曲消除应力和设置伸缩器或补偿器消除热应力。

四、注水管线的穿(跨)越

(1)穿越铁路(或公路)

注水管线穿越铁路(或公路)时,要避开高填方区、路堑、路两侧为同坡向的陡坡地段。在穿越管段上,不能设置水平或竖向曲线及弯管。

1)注水管道穿越公路或站内主要道路时,需设套管或涵管、涵洞。套管外径比穿越管外径至少大 100～300 mm。穿越管道与被穿越公路的夹角宜为 90°;如条件不允许时,不宜小于 30°。套管直径大于 1 000 mm 时宜采用钢筋混凝土套管。

2)套管或涵管的管顶、穿越涵洞的洞顶距路面不得小于 1.2 m,否则应采取特别加强措施,如设盖板等。

3)套管应按埋地管道要求进行防腐处理,并且有承受土压力和动载荷的足够强度。

4)采用套管穿越公路时,套管长度伸出路堤坡脚、路边沟处边缘应不小于 2 m。穿越套管中的输送管道宜设置绝缘支撑,并不得损坏管道防腐涂层。两端宜采用柔性材料进行端部密封。

5)管道穿越处应采取排水措施,主要公路、重要道路宜用顶管法穿越。

6)注水管线穿越三级及三级以下公路、砂石路及土路时,可以不设置穿越套管。

(2)穿越建(构)筑物区

1)注水管线穿越建(构)筑物区域(如居民区),管道埋地敷设时,管顶距地面一般不小于 1 m,距墙不小于 5 m。在黄土湿陷性地区穿越建(构)筑物时,其防护距离应按表 5-11 执行,距建筑物的距离小于表 5-11 规定值的室外给水排水管道,应设在检漏管沟内。管沟回填后不应有土堤和沟槽,应不防碍交通,无地面积水。

表 5-11　埋地管道与建筑物之间的防护距离　　　　　　　　　　单位:m

建筑类别	地基湿陷等级			
	Ⅰ	Ⅱ	Ⅲ	Ⅳ
甲	—	—	8～9	11～12
乙	5	6～7	8～9	10～12
丙	4	5	6～7	8～9
丁	—	5	6	7

2)在注水管道上不得加设非注水用的取样口,管道两侧 2 m 的范围内不得立杆和植树。

(3)穿(跨)越河渠

1)注水管线通过河(渠)时可采用河渠底穿越或河渠面跨越。当河(渠)较宽、穿越条件较复杂时,注水管道穿越河(渠)可参照《给排水设计手册》第 3 册"跨越河道"[上海市政工程设计研究总院(集团)有限公司主编,中国建筑工业出版社,2017]进行设计。

2)注水管道通过较小河(渠)时,可视条件采用不同的穿越方式,如河渠底开槽埋置、沉管敷设和顶管敷设等。从渠上面跨越时,如有桥则可利用,若无桥则应根据河(渠)具体情况采取拱管、直接架设等方法通过。

第四节　注水管道工艺计算

一、站内注水管道

注水用高压金属管道的壁厚,应符合耐压强度的壁厚要求,并按耐压值准确、合理地确定管的规格。

承受内压直管的壁厚应符合下列规定:当直管计算壁厚 t_s 小于管外径 D_w 的 1/6 时,直管的计算壁厚不应小于下式的计算值。

$$t_s = \frac{pD_w}{2([\sigma]^t E_j + pY)} \tag{5.1}$$

式中:t_s—— 直管计算壁厚,mm;

　　p—— 数据压力,MPa;

　　D_w—— 管子外径,mm;

　　$[\sigma]^t$—— 在设计温度下材料的许用应力,MPa;

　　E_j—— 焊接接头系数,无缝钢管取 1.0;

　　Y—— 系数,取 0.4。

直管数据壁厚应按下式计算。

$$\left.\begin{array}{l} t_{sd} = t_s + C \\ C = C_1 + C_2 \\ C_1 = E t_s \end{array}\right\} \tag{5.2}$$

式中：t_{sd}—— 直管设计壁厚，mm；

　　　C—— 厚度附加量之和，mm；

　　　C_1—— 厚度或减薄附加量，包括加工、开槽及螺纹深度和材料厚度负偏差，mm；

　　　C_2—— 腐蚀或腐蚀附加量，mm，可取 1 mm；

　　　E—— 系数，当 $t_s < D_w/6$ 时，按表 5-12 选取。

注：上述公式适用于公称压力≤42 MPa 的注水金属管道的壁厚计算。

表 5-12　系数 E 值

材　质	无缝钢管壁厚/mm	E 值/(％)
碳素钢或低合金钢	≤20	15
	>20	12.5

本书结合长庆油田实际情况，通过计算，列出站内注水管道管径选取标准，见表 5-13，注水管道的壁厚选取标准见表 5-14。

表 5-13　站内注水管道管径选取标准

管　径		注水管道	
in[①]	mm	吸入管流速推荐值/(m·s⁻¹)	排出管流速推荐值/(m·s⁻¹)
1	25	0.5	1
2	50	0.5	1.1
3	75	0.5	1.15
4	100	0.55	1.25
6	150	0.6	1.5
8	200	0.75	1.75
10	250	0.9	2
12	300	1.4	2.65
>12	>300	1.5	3

①1 in＝2.54 cm。

表 5-14　注水管道壁厚选取标准

（公称直径）DN/mm	（外径）D/mm	δ/mm（工作介质：清水）				工作介质：污水增加值/mm
		≤1.6 MPa	16 MPa	20 MPa	25 MPa	
15	22	2.0	2.5	3	3.5	1
25	34	2.5	3.5	4	4.5	1
40	48	3	4.5	5	6	1
50	60	3.5	5	6	7	1
65	76	4.0	6	8	9	1
80	89	4.0	7	9	10	2

续 表

(公称直径) DN/mm	(外径) D/mm	δ/mm(工作介质:清水)				工作介质: 污水增加值/mm
		≤1.6 MPa	16 MPa	20 MPa	25 MPa	
100	114	4.5	9	11	14	2
125	140	5.0	11	14	16	2
150	168	5.0	12	16	20	3
200	219	6.0	16	20	25	3
250	273	7.0	20	25	30	3
300	323	8.0	/	/	/	/

二、站外注水管道

注水管道的水力计算应从两个方面满足使用要求:一是在经济流速条件下,满足区块配注水量的通过能力;二是从压力源头至任意一口注水井的管道水力摩阻总和在某一限定值范围内。

(1)注水管道的水头损失计算

包括沿程水头损失和局部水头损失,可用下式表示:

$$\left. \begin{array}{l} h = iL + h_1 \\ h_1 = \xi \dfrac{V^2}{2g} \end{array} \right\} \tag{5.3}$$

式中:h——注水管道的水头损失,m;

i——注水管道的水力坡度;

L——注水管道的长度,m;

h_1——注水管道的局部水头损失,m;

ξ——局部阻力系数;

V——平均局部流速,m/s;

g——重力加速度,9.81 m/s²。

在站外管网中计算沿程水头损失时,局部损失可按注水管道总水头损失的5%~10%计算,总水头损失视具体情况而定,通常控制在50~100 m范围内。

(2)注水管道的水力坡度计算

1)金属管道。

无缝钢管水力坡度计算:

水温为10℃时,水的运动黏度 $\gamma = 1.3 \times 10^{-6}$ m²/s 的条件下:

当 $V \geq 1.2$ m/s 时

$$i = 0.001\ 07\ V^2/d^{1.3} \tag{5.4}$$

当 $V < 1.2$ m/s 时

$$i = 0.000\ 912\ \frac{V^2}{d^{1.3}} \left(1 + \frac{0.867}{V}\right)^{0.3} \tag{5.5}$$

式中：V——管道内的平均流速，m/s；

i——水力坡度；

d——管道内径，m。

2）非金属管道。

对于高压玻璃钢管道，管道水力计算按照《非金属管道设计、施工及验收规范　第1部分：高压玻璃纤维管线管》（SY/T 6769.1—2010）中的有关规定，采用下式计算。

$$\Delta p = \frac{0.225\rho f L q^2}{d^5} p \qquad (5.6)$$

其中：$f = a + bR^{-c}$；$R = \dfrac{21.22q\rho}{\mu d}$；$a = 0.094K^{0.255} + 0.53K$；$b = 88K^{0.44}$；$c = 1.62K^{-0.134}$；$K = \dfrac{\varepsilon}{d}$。

式中：p——管道内水的压力，MPa；

Δp——压降，MPa；

ρ——密度，kg/m³；

f——摩擦因数；

L——管道长度，m；

q——流量，L/min；

d——管道内径，mm；

a——系数；

b——系数；

c——系数；

R——雷诺数，适用条件为雷诺数大于 10 000 和 $1 \times 10^{-5} < \varepsilon/d < 0.04$；

μ——动力黏度，mPa·s；

K——相对光滑度；

ε——绝对光滑度，mm，取 0.005 3 mm。

对于塑料合金管、柔性复合管，管道压降应按下式计算：

$$i = 0.000\ 915\ \frac{Q^{1.774}}{d_j^{4.774}} \qquad (5.7)$$

式中：i——水力坡降；

Q——计算流量，m³/s；

d_j——管道计算内径，m。

对于非金属管道，当输送聚合物水溶液时，管输压降按照《油田注水工程设计规范》（GB 50391—2014）中的有关规定，用下式计算：

$$\Delta P = 4LK\left(\frac{3n+1}{4n}\right)^n \frac{32Q_v}{\pi^n D^{3n+1}} \qquad (5.8)$$

式中：ΔP——水力坡降，Pa；

L——管线长度，m；

K——聚合物水溶液稠度系数，Pa·s；

Q_v——流量，m³/s；

n——流变行为指数；

D——管线内径，m。

K 值与 n 值因聚合物水溶液性质的变化而不同,可用仪器测出。

高压玻璃钢管件的压降按其当量长度计算,不同管件的当量长度见表 5-15。

表 5-15　常用高压玻璃钢管件压降

单位:m

管件名称	管件直径				
	DN40 mm	DN50 mm	DN65 mm	DN80 mm	DN100 mm
90°弯头	1.8	2.4	3	3.7	4.5
45°弯头	0.9	1.2	1.5	1.8	2.4
三通-直线流向	0.3	0.6	0.6	0.6	0.9
三通-分支流向	3	3.7	4.9	5.8	8.3
异径接头	0.3	0.3	0.6	0.6	0.9

注:异径接头所示数值是相对小头管径的当量长度。

(3)注水管网的水力计算

注水管网有枝状管网与环状管网之分,以枝状管网为主。注水管网的水力计算以给定的注水量和控制的水头损失为依据,确定管网中各段的管径和起点的供水压力。

计算枝状管网水头损失时,应选择水头损失最大或可能最大的有代表性管段,这种管段通常是指管段长、管径小的分支管。在被选择管道上各段水头损失之和,不得大于总水头损失的要求。有的管网需进行两条以上管道的计算,以便选择合适的管道。

管网起点的压力等于末端的最大的供水压头、起点与终点之间的地形高差加上管道全部水头损失之和。可按下式计算:

$$H = H_1 + (h_2 - h_1) + H_2 \tag{5.9}$$

式中:H——起点总水头,m;

$\quad H_1$——最不利点所需压力水头,m;

$\quad H_2$——管道总水头损失,为各管段沿程水头损失与局部阻力水头损失之和,m;

$\quad h_1$——终点高程,m;

$\quad h_2$——起点高程,m。

(4)注水管道水力计算应注意事项

1)注水与洗井水合用一条管道来计算支管或支干管口径时,除最远点的一口井外,通过水量应为注水量与洗井水量之和。

2)从注水站至所辖管网最远点一口井的总水头损失不应大于 1.0 MPa。

<h1 align="center">第五节　配水间及稳流配水阀组</h1>

一、配水间

配水间具有对注水井流量计量及调节的功能,可满足注水井的测压、取样、扫线作业中的相关操作要求,在可进行洗井作业的系统中,应具备洗井水量流通及调节的功能。

1. 配水间分类

按辖井功能不同,配水间可分为单井与多井配水两大类。单井配水间只辖一口注水井,多用于行列注水和点状注水管网,多井配水间辖井为两口以上,多用于面积注水管网。

按建筑结构形式不同,可分为砖混结构和橇装车厢式结构。近年来,老油田大部分采用砖混结构形式,也有少量的混凝土预制大板或钢架轻板结构;橇装车厢式结构多用于新开发的偏远的小块油田(区块),由于受运输条件的限制,一般为五井式、七井式。

2. 配水间工艺流程

(1)单井配水流程

单井配水流程具有流量计量、调节、截断功能,如图 5-2 所示。

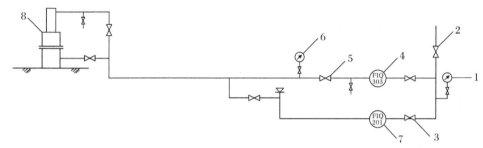

图 5-2　单井配水工艺流程

1—注水干线来水压力表;2—总截断阀;3—洗井截断阀;4—注水流量计;

5—注水控制阀;6—单井注水压力表;7—洗井流量计;8—注水井口装置

(2)多井配水间流程

多井配水流程是大多数油田广泛采用的流程,具有调配灵活的特点,同时,当注入系统具备洗井功能时,多井配水间还可根据需要设置洗井旁通流程,可满足洗井时大流量的要求。在面积布井的油田还可与油计量间合一设置,多井配水流程如图 5-3 所示。

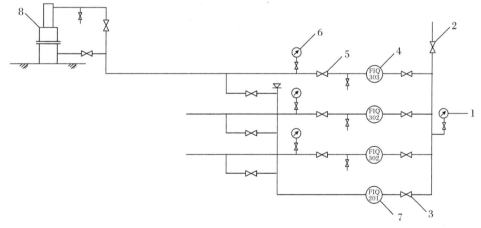

图 5-3　多井配水工艺流程

1—干线来水压力表;2—总截断阀;3—注水支线截断阀;4—注水计量水表;

5—注水控制阀;6—单井注水压力表;7—洗井计量水表;8—注水井口装置

3.配水间工艺设计

1)无论单井配水还是多井配水,均需设来水截断阀、流量计、调节阀及相应的压力表。

2)多井配水间还应设分水器及多条单井配水阀组管,对单井洗井流量来说,高渗透率油层采用 15~25 m³/h,低渗透油层宜取 2~5 m³/h。

3)单井配水阀组管阀件规格应满足单井配注量的流通能力,且与选用的高压流量表口径相一致。

4)设计采用的单井注水流量表的示值应不低于该表额定流量值的80％,表的计量准确度为2级。

5)多井配水形式一般按有房间设置,单井配水形式一般按露天阀组设计,其设计应符合下述要求:①多井配水间可按砖混结构,也可按橇装车厢式,室内设人行操作通道,前者净宽不应小于 0.8 m,后者净宽不应小于 0.6 m;②单井配水阀组按有房间设计时,其人行操作通道净宽不应小于 0.5 m;③多井配水间与油计量间合建时,建筑形式应符合区块系统的统一要求。

自2003年开始,长庆油田配水间已被稳流配水阀组逐步替代。

二、稳流配水阀组

稳流配水技术是利用恒流调节阀的稳压恒流原理,在注水干线压力波动情况下(允许波动范围为 1.0~4.0 MPa),对单井配注量自动进行调节,从而使单井配注量始终保持恒定。注水工艺流程示意图如图 5-4 所示。

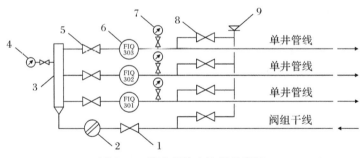

图 5-4 配水间注水流程示意图

1—稳流配水阀组干线截断阀;2—过滤器;3—分水器;

4—干线压力表;5—单井配水支线截断阀;6—流量自控仪;

7—单井管线压力表;8—洗井旁通截断阀;9—高压管箍及丝堵

稳流配水阀组的特点:

1)可以克服串管配注流程中单井注水量的相互干扰问题,解决因注水压力波动而产生的超注、欠注问题。

2)稳流配水阀组在工厂预置,现场组装工作量小,建设周期短,能够加快投转注速度。同时,该装置结构简单、质量轻,可以整体搬迁,能够适应长庆油田超前注水开发需要。

3) 稳流配水阀组无需随时进行人工调节, 实现了无人值守, 生产岗位较少, 生产管理费用较低。

4) 采用稳流配水阀组可以节省单井注水管线, 降低注水系统地面建设投资, 平均每口注水井可节约投资 2.35 万元。

第六节　注水井口

一、注水井口的功能

注水井口应能满足在所要求的注入压力下, 将水注入地层, 可进行正注、反注、合注及洗井作业时的正洗、反洗、测试等操作要求。

二、注水井口的形式

注水井口又称为采油树, 它是由石油钻井过程完井后装上去的固定采油树与其配合安装的油田地面工程中的管道部分组合而成的。虽然各油田安装的井口采油树不相同, 但基本形式是一致的, 即都由油管与套管双阀门、洗井阀门和总阀门组成六阀式采油树井口。注水井口安装示意图如图 5-5 所示。

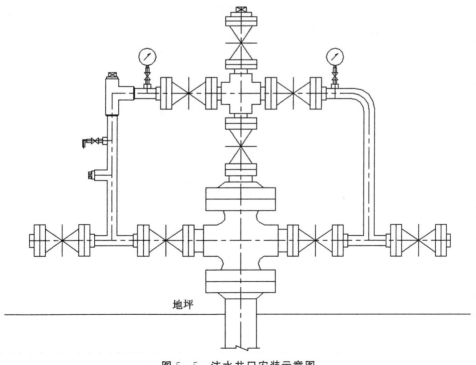

图 5-5　注水井口安装示意图

各油田根据具体情况,也有各自的改进型,表 5-16 是部分油田井口采油树的技术参数。

表 5-16　采油树主要技术参数

型　号	产　地	阀　数	试验强度/MPa	工作压力/MPa	密封水压/MPa
CYb-250	上海	6	50	25	25
150 II	大庆	3	30	15	15
KQ35/80-65	金湖	6	—	35	—
KY250/65(新型)	南京	6	—	—	—
CY-250 改	辽河	4	50	25	25
CY-250 改	华北	2	50	25	25

三、注水井口安装设计

由于各油田的特点与要求不同,安装设计除将注水管道与井口采油树相连接外,还应有油压表、套压表、取样阀及来水单向阀。对于低渗透油田(区块),可酌情装设井口精细过滤器。

四、注水井场平面设计

1)注水井场可以是 1 口注水井,也可以是 1 口井和 1 座单井配水间,它的平面布置应满足井口在注入、测试、洗井及井下作业时场地范围的要求,井场平整的高低取决于完井时安装采油树的高低,从而也决定了井场平整工程量及土方量。需要指出的是,采油树的高低不是地面工程设计所能确定的。

2)单井配水间(或阀组)与井口宜在同一井场内布置,两者间距应不小于 10 m;同时,注水井口宜露天设置,可不设围栏,但对处于人口稠密居住区和商业繁华区的注水井口,应设钢围护栏。

第七节　管道完整性管理

完整性管理是为保障油气田管道和站场完整、提高本质安全而进行的一系列管理活动,是近年来逐渐发展成熟并得到成功应用的管理体系。完整性管理被证明是油气田管道和站场提升本质安全、延长使用寿命、提高经济效益的有效手段。

完整性管理的目标是,基于管道及站场完整性管理的理念、方法和措施,将管道和站场运行风险控制在合理的、可接受的范围内,最终达到减少和预防事故发生、经济合理、安全运行的目的。

可行性研究和设计阶段的管道完整性管理,应执行中国石油天然气股份有限公司《建设期管道完整性管理程序》,并采取以下完整性管理方法:

1)在项目可研、施工图等前期设计阶段,积极采用高后果区识别和风险评价技术,识别高后果区和主要风险因素,优化管道路由,缩短人口密集区段和环境敏感区段长度,规避地质灾害,减少占压和第三方破坏等风险。

2)充分结合安全预评价、环境影响评价等专项评价提出的风险防控措施建议,提出从管材选择、防腐工艺、工艺参数及流程、水工保护、自控水平和跨越等级等多方面的针对风险防控措施。

3)通过人口密集区及环境敏感区等重要保护地段的管道,根据具体情况,需设置泄漏检测系统、视频监控及设置警示牌等安防设施。

4)设计中需充分考虑后期城市、乡镇发展规划对管道的影响,防止后期产生大量占压从而造成管道频繁改迁,以降低安全风险。

5)结合油田区块的介质及环境条件,应用防腐蚀、防垢等工艺,新建场站工艺流程应采用地面敷设,对高硫化氢区并且处于环境敏感区的管道,必须使用抗硫化氢腐蚀管材。

基于介质类型、压力等级和管径等因素,将管道划分为Ⅰ、Ⅱ、Ⅲ类管道,注水管道的分类标准见表5-17。

表5-17　注水管道的分类

公称直径	$p \geqslant 16$	$6.3 \leqslant p < 16$	$2.5 < p < 6.3$	$p \leqslant 2.5$
DN≥200	Ⅱ类管道	Ⅱ类管道	Ⅲ类管道	Ⅲ类管道
DN<200	Ⅱ类管道	Ⅲ类管道	Ⅲ类管道	Ⅲ类管道

注:p,最近3年的最高运行压力,MPa;DN,公称直径,mm。

高后果区识别:根据《油气输送管道完整性管理规范》(GB 32167—2015),长庆油田内注水管道的高后果区的识别项主要为——管道两侧各200 m内有水源、河流、中小型水库,属于Ⅲ级高后果区,代表最严重的程度。长庆油田地处黄土高原,区域内水系互相沟通。

风险评价:引起金属管道失效的主要因素为腐蚀,引起非金属管道失效的主要因素为外力破坏及接头失效。经鉴别,管道失效可能性等级3级,清水注水管线的失效后果等级A级,采出水注水管线的失效后果等级为B级。依据管道风险矩阵,风险类别为Ⅰ,风险等级为低级。

第六章 注水系统节能及安全环保

第一节 注水系统能耗分析

一、油田注水工艺技术指标

1.配注合格率

配注合格率是指注入水量与地质配注相比较,注水地层水量合格井数与注水井开关总井数之比。

计算公式为

$$配水合格率(\%) = \frac{注水井配注合格井数}{笼统注水井开井数} \times 100\% \tag{6.1}$$

公式说明:

1)单井月平均注水量不超过配注量的5%,不低于配注量的10%的注水井算合格井。

2)月内调配注的井,以生产时间较长的工作制度计算配注合格率,如果两种工作制度生产时间差不多,就以最后一次工作制度计算配注合格率。

2.分层配注合格率

分层配注合格率是指分层注水井注入水量与地质配注量相比较,注入地层水量达到地质配注要求的层段数与油田分注井实际注水总层段数之比。

计算公式为

$$层段配注合格率(\%) = \frac{注水合格层段数}{分注总层段数 - 计划停止层段数} \times 100\% \tag{6.2}$$

公式说明:

1)分层段的注水量不超过层配注量的±10%的层段为合格层段。

2)分注井每个季度进行一次调配注,月内调配注的井,以生产时间较长的工作制度计算配注合格率,如果两种工作制度生产时间差不多,就以最后一次工作制度计算配注合格率。

二、注水系统能耗

注水系统能耗是指注水系统运行中消耗的一次能源、二次能源和耗能工质的数量。在注水工程设计中,应争取以较低的能耗来降低注水系统的运行生产成本,为高效开发油田创造有利条件。

注水系统能耗主要包括注水水源及其供水能耗、注水站驱动注水泵及其辅助机泵的能耗、注水系统采暖保温用能耗以及通风、空调、排水、照明、加药等辅助能耗。注水系统能耗是一个综合性能耗,一般计算以注水的能耗为主。

(一)注水系统的综合能耗

注水系统的综合能耗是各种能耗的总和,是设计注水系统时需要计算并掌握的指标,可用下式计算:

$$E_c = E_e + E_f + E_w + E_x + E_q \tag{6.3}$$

式中:E_c—— 设计综合能耗,MJ/d;

E_e—— 电力能耗,MJ/d;

E_f—— 燃料能耗,MJ/d;

E_w—— 各种水的能耗,MJ/d;

E_x—— 各种耗能工质的能耗,MJ/d;

E_q—— 其他能耗,MJ/d。

在计算过程中,将有些能耗指标换算成统一单位 MJ/d 比较困难,根据长期实践经验,笔者总结出一个非燃料能源等价热量折算热值表,供计算时参考,见表 6-1。

表 6-1　非燃料能源等价热量折算热值表

类　别		平均折算热量值 /kcal	等价标煤 /kg	类　别	平均折算热量值 /kcal	等价标煤 /kg
每 kW·h 电力		3 000	0.429	每 m³ 压缩空气	280	0.040
每 t 水	新鲜水	1 800	0.257	每 m³ 鼓风	210	0.03
	循环水	1 000	0.143	每 m³ 低压蒸汽	～900	～0.129
	净化水	3 400	0.486	每 kg 粗笨	10 000	1.429
	除氧水	6 800	0.971	每 kg 干洗精煤	7 100	1.014
每 m³ 氧		3 000	0.429	每 kg 等价标煤	7 000	1.000

注:1 kcal=4.185 9 kJ。

(二)注水单耗

注水单耗可分为综合性单耗和运行单耗。

1)综合性单耗指每注入 1 m³ 水所消耗的各种能,可以下式计算:

$$E_1 = \frac{E_c}{Q} \tag{6.4}$$

式中:E_c——设计综合能耗,MJ/d;

E_1——综合性单耗,MJ/m³;

Q——设计注入总水量,m³/d。

2)运行单耗指注水泵机组每注入 1 m³ 水所消耗的能量,可用下式计算:

$$E_2 = \frac{E_y}{Q} \tag{6.5}$$

式中：E_2 —— 运行单耗，MJ/m^3；

E_y —— 综合性单耗，MJ/h；

Q —— 注入总水量，m^3/d。

当注水泵采用电机拖动时，注水泵运行单耗为每注入 $1\ m^3$ 水所消耗的电能，E_2 的单位可用每注入 $1\ m^3$ 水消耗多少电能（即 $kW \cdot h/m^3$）表示。可用下式计算：

$$K = \frac{\Delta p}{3.6\eta_1\eta_2} \tag{6.6}$$

式中：K —— 注水机组，$kW \cdot h/m^3$；

Δp —— 注水泵进出口压差，MPa；

η_1 —— 注入电机效率，%；

η_2 —— 注水泵效率，%。

三、注水泵效率计算

1. 注水泵效率计算

（1）流量法

柱塞泵、活塞泵、离心泵均可按流量法计算泵效率，见下式：

$$\left.\begin{aligned} \eta_2 &= \frac{\Delta p q_{vp}}{3.6 P_3} \times 100\% \\ \Delta p &= p_2 - p_1 \end{aligned}\right\} \tag{6.7}$$

式中：η_2 —— 注水泵运行效率，%；

q_{vp} —— 注水泵运行流量，m^3/h；

P_3 —— 注入泵运行功率，kW；

p_1 —— 泵进口压力，MPa；

p_2 —— 泵出口压力，MPa。

（2）热力学法（温差法计算注水泵效率）

离心式注水泵效率可根据热力学计算，见下式：

$$\left.\begin{aligned} \eta_2 &= \frac{\Delta p}{\Delta p + 4.1868(\Delta t - \Delta t_s)} \times 100\% \\ \Delta t &= t_1 - t_2 \end{aligned}\right\} \tag{6.8}$$

式中：t_1 —— 泵进口水温，℃；

t_2 —— 泵出口水温，℃；

Δt_s —— 等熵温升值，℃。

2. 离心注水泵输出水量计算

采用热力学法的计算公式如下：

$$Q_{vp} = \frac{p_3}{0.27778\Delta p + 1.163(\Delta t - \Delta t_s)} \tag{6.9}$$

式中：q_{vp} —— 注水泵输出流量，m^3/h。

3. 电机输入功率计算

电机输入功率计算公式如下：

$$N_1 = \sqrt{3}\, IU\cos\varphi$$

式中：N_1 —— 电机输入功率，kW；

I —— 电机线电流，A；

U —— 电机线电压，kV；

$\cos\varphi$ —— 电机功率因数。

4. 电机输出功率计算

电机输出功率计算公式如下：

$$N_2 = N_1\eta_1 \tag{6.10}$$

式中：N_1 —— 电机输入功率，kW；

N_2 —— 电机输出功率，kW；

η_1 —— 电机效率，%；

当采用测量法时，电机效率按下式计算：

$$\eta_1 = \frac{\sqrt{3}\,IU\cos\varphi - P_0 - 3I^2R - K\sqrt{3}\,IU\cos\varphi}{\sqrt{3}\,IU\cos\varphi} \times 100\% \tag{6.11}$$

式中：P_0 —— 电机空载功率，kW；

R —— 电机定子直流电阻，Ω；

K —— 损耗系数，随电机杂散损耗、转子铜耗的增大而增大，1 000～2 250 kW 电机的 K 值为 0.009～0.011，一般可取 0.01。

第二节　注水系统主要节能技术

一、降低电机损失

应采取以下措施来降低电机损失：

1）选择节能型高效电机。国家有关部门不定期公布能耗大的淘汰产品，设计时应注意选择新型高效产品。

2）结合油田实际，合理选型，减少无功损失。

3）注水泵合理匹配，避免"大马拉小车"。

注水系统常用的电机性能见表 6-2。

表 6-2　注水系统常用的电机性能

电机型号	功率/kW	同步转速/(r · min⁻¹)	效率/(%)	功率因数
JK2-800	800	3 000	95	0.85
YK-1000-2	1 000	3 000	95	0.86

续表

电机型号	功率/kW	同步转速/(r·min⁻¹)	效率/(%)	功率因数
YK-1250-2	1 250	3 000	9%	0.86
YK-1600-2	1 600	3 000	96	0.87
YK-1800-2	1 800	3 000	96	0.87
YK-2000-2	2 000	3 000	96	0.88
YK-2200-2	2 200	3 000	96	0.88

二、降低注水泵损失

在油田注水系统中,因泵效低而损失的能量最多,因此,注水泵节能是降低注水系统能耗的关键。

1)合理选择高效大排量离心注水泵。由于大排量离心注水泵过流面积大、阻力小,容积损失和水力损失小,因此泵效比小排量泵高。

2)合理利用注水泵的高效区。为适应用水量和水压的变化,常采用多台注水泵并联运行和单独运行相结合的方式。为使注水泵的工况尽可能处在高效区内,应注意使并联时每台注水泵的工况点接近高效区的左面边界。这样,当单泵运行时,工况点右移,但仍可能处在高效区内,在整个工况变化范围内效率较高。

当注水泵并联工作时,每台注水泵的工况点随着并联台数的增多而向扬程高的一侧移动,台数过多,就可能使工况点移出高效区的范围,测试结果表明,两台或三台注水泵并联运行的实际出水量为注水泵叠加水量的 73%~82% 时,用电单耗较单台运行高 4%~5%。

3)小油田选用柱塞泵。柱塞泵水力性能较离心泵好,漏水量比离心泵小,其泵效比离心泵高得多,实际运行效率达到 85% 以上。因此,对于注水量小、注水压力高的小油田或低渗透油田,应选择高效柱塞泵。

4)加强维修,减少腐蚀,以保持泵效。注水水质具有腐蚀性,使注水泵容积损失加大。因此,应做好日常维护工作,确保注水泵在使用期内泵效保持不变。

5)考虑泵站的发展,实行近、远期相结合。在初期供水量较小时,可以安装小泵来满足用水要求。后期用水量增大时,再逐步换成大泵。在设计泵站时,应考虑到将来扩建的可能,以达到提高经济效益的目的。

三、泵站管路节能设计

1)吸水管路直径小于 250 mm 时,其流速为 1.0~1.2 m/s;直径不小于 250 mm 时,流速宜为 1.2~1.6 m/s。

2)吸水管路不允许漏气。当空气进入时,注水泵的吸水量将减少,甚至吸不上水,影响注水泵的效率,严重时注水泵会发生故障。所以,吸水管路应采用钢管焊接连接。

3)考虑到注水泵的允许吸入高度,吸水管路应尽量少用管件,并减少管路长度。当多台注水泵并联运行时,每台注水泵都应有独立的吸水管。

4)为避免吸水管路形成气囊而减小过水断面,吸水管路应有沿水流方向上升的坡度,一般大于 0.005,吸水管路上的变径应采用偏心渐缩管。

5)排水管路管径小于 250 mm 时,设计流速宜为 1.5～2.0 m/s;管径不小于 250 mm 时,流速宜为 2.0～2.5 m/s。

6)在来水管路上一般不设止回阀,必须设置止回阀时应采用微阻缓闭止回阀。它不但具有单向功能,而且对防止水击和节约电能具有明显的效果。

四、注水泵站排量调节

在油田注水系统中,地质情况的变化、开关井数的增减以及洗井及供水不足,经常引起注水量的波动。为了保证配注要求,需要根据实际情况进行控制,控制方式一般有三种:

(1)开泵台数控制

根据用水量的变化,注水泵或并联运行,或单独运行。

(2)高压回流控制

通过控制高压配水阀组的多级调节阀的开度,调整管路特性,实现对流量和压力的控制。

(3)转速控制

通过调整注水泵的转速来适应流量和压力的变化。注水泵转速调节的节能效果显著,因此得到普遍应用。

1)注水系统变频调速的节能原理。

设交流电动机的同步转速为 n_0,f 为供电电源频率,p 为电动机的极对数,则交流异步电动机的转速为

$$n=n_0(1-s)=\frac{60f}{p}(1-s) \tag{6.12}$$

由式(6.12)可知,通过改变极对数 p,转差率 s 及频率 f 均能改变电动机的转速。变频调速是依靠变频装置将电网频率转成所需频率,从而改变电动机转速,所拖动的离心泵或柱塞泵转速也随之改变,使排量发生变化。根据离心泵相似原理,流量 Q、扬程 H、功效 N 与转速 n 之间的关系为

$$\left.\begin{array}{l}\dfrac{Q}{Q_1}=\dfrac{n}{n_1}\\[2mm]\dfrac{H}{H_1}=\left(\dfrac{n}{n_1}\right)^2\\[2mm]\dfrac{N}{N_1}=\left(\dfrac{n}{n_1}\right)^3\end{array}\right\} \tag{6.13}$$

转速与流量、扬程和功率的关系如图 6-1 所示。

注水泵应用变频调速运行的重点是降低转速运行。

第一,避免无效的节流损失。工频运行时,当实际流量小于额定流量或管线压力小于额定压力时,离心水泵一般采用泵出口阀门控制造成节流损失;注水泵一般采用高压回流阀调节控

制;采用调速运行时,降低泵转速使泵压达到实际需要即可,从而避免了节流损失。

第二,避免打回流做无用功。大排量离心泵在小排量下运行泵温升高是很危险的。注水泵出水管路不允许节流。因此,一般被迫打回流,造成很大的能量损失。调速运行降低转速,泵排量变小,温升也降低了,完全可以不打回流,从而避免了打回流造成的能量损失。

第三,提高机泵运行效率。离心泵在相同的流量下,流量控制采用泵出口阀门或降低转速来实现,变频调速运行降低了电机和泵的转速,减少了机械摩擦的能量损失和泵内回流、节流损失,另外,电机运行电流下降,耗损也减少,因而可能得到较高泵效。

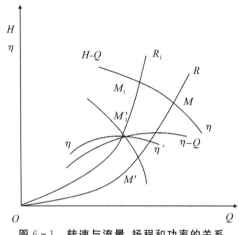

图 6-1　转速与流量、扬程和功率的关系

2)注水泵的调速范围。

受多种条件限制,水泵调速是有一定范围的。调速范围按下式确定:

$$k_1 = \sqrt{\frac{H_2}{H_1}} \tag{6.14}$$

式中:H_1—— 最大注水量时所需水泵的扬程,m;

H_2—— 最小注水量时所需水泵的扬程,m。

但是,在最低扬程时注水量难以恰好满足要求,当调速泵与恒速泵并联运行时,又受恒定压力 p_0 的影响(恒定压力 p_0 应不小于恒速泵允许的最低扬程),因此不可能充分利用注水泵的最大调速范围作为设计条件。

五、管网节能

注水系统中管网费用的比例为 $70\% \sim 80\%$,因此,应对管网进行优化设计,达到投资少、能耗低的目标。

(1)经济流速的确定

在流量已定时,流速会直接影响管网的投资和运行费用。流速取得小些,管径会增大,相应的管网造价会增加,而管段中的水头损失减小,注水泵所需扬程将降低,运行费用会降低,因此在管网设计时,应对管径进行优化设计。

(2)减小管网能量损失

对注水管网内壁进行涂料防腐,不仅可以延长管网使用寿命,而且可以减小粗糙系数。资料表明,内壁涂衬后,粗糙系数在 $10\sim20$ a 内都保持在 $0.011\sim0.013$ 之间。对于早期敷设的管线,如果内壁未涂衬,水管内壁有不同程度的结垢,粗糙系数最高可超过 0.020。可以采取酸洗的方法,使管壁恢复到原来的输水能力和能量消耗。

　　(3)分区注水

　　由于低渗透油田具有储层致密、弹性能量小、导压系数低、驱油能耗大、储层孔隙度和渗透率低、吸水能力差、地层易被污染、单井产能低等特点,因此可以考虑采用橇装注水装置分区注水。

第三节　注水系统生产安全

一、注水系统生产安全技术

(一)注水井投注及安全技术

注水井从完钻到正常注水,一般要经过以下几个步骤。

(1)排液

排液的目的是清除井地周围和油层内的污物,在井地附近造成适当低压带,另外靠弹性驱动时可使用一定的油量。排液时应做到以下几点:

　　1)排液的程度以不破坏油层结构为原则,含砂量应控制在 0.2% 以内。

　　2)排液前,必须测井压及井温以便为试注提供依据。

　　3)油水边界外的注水井排液时,要求定时取水样和计算产水指数。

　　4)应以排净井底周围的污物为目的,同时,还要确定注水的排液时间。

(2)洗井

注水井排液结束后,在试注之前,应进行洗井,目的是把井底的腐蚀物、杂物等冲洗出来。避免油层被污物堵塞,影响试注和注水效果。

(3)试注

注水井正常注水前,应经过试注,其目的是确定油层吸水能力和注入压力。试注前应注意:

　　1)认真检查注水井井口装置及工艺管线,要连接可靠,不渗不漏,确保安全。

　　2)应先将注水干线、支线及井口的所有管线冲洗干净,再安装水表表芯,以防止砂、石等冲坏水表。

　　3)检查注水井的泵压表、油压表和水表。

　　4)开关阀门应先开下流阀门和先关上流阀门,用下流阀门调节控制水量。

　　5)试注时应缓慢升高压力,使水量平衡,防止因冲击而损坏水表及分层管柱等。

　　6)试注时应在注水量稳定之后,方可测吸水指示曲线。

试注之后,可根据试注结果和注水方案,设计注水水量和压力,投入注水生产。

(二)注水井日常安全技术要求

1.注水井的资料收集

对注水井,要求收集注水量、油压、套压、泵压、静压、分层注水量、洗井资料等。

1)注水量:要求每天有仪表记录水量,全井日注水量不得超过配注水量的±20%。注水压力应严格按照注水方案所规定的压力。计量仪表要求定时校验。

2)油压、套压、泵压数据应每天收集,压力表要求定时校验。静压仅对动态监测系统定点井或特殊要求的井定时进行测试。

3)分层注水量一般半年测试一次。注水井分层注水量的计量每月进行一次,笼统注水井每半年测试一次。对特殊情况应及时测试。

4)洗井资料应包括洗井时间、洗井排量、水质化验情况、洗井总水量等。

2.注水井洗井

1)注水井洗井。新注水井排液后,试注前要进行洗井。注水井注水一段时间,也要进行洗井,通过洗井,使水井、油层内的腐蚀物、杂质等污物被冲洗出来,排出井外,避免油层被污物堵塞,影响试注和注水效果。一般在以下几种情况下,必须洗井:① 排液井转入注水前(试注前);② 正常注水井,停注 24 h 以上的;③ 注入水质不合格时;④ 正常注水井,注入量明显下降时;⑤ 动井下管注后。

洗井方法一般分正循环和反循环或称正洗和反洗。即洗井水由油管进入,从套管返出地面为正洗,反之,为反洗。对于下封隔器的注水井只能反洗。

2)洗井水对环境的影响:注水井洗井用水量一般需几十立方米,洗井放出的污水,对没有洗井水回收管线的油田,通常直接排放流入大地,或排入水池,对环境影响很大,特别是对人口密集区或农田来说,情况更为严重。近年来,油田洗井研究出了专门用于注水井洗井处理的装置,由水处理车对洗井出口的污水直接处理,循环洗井,直到出口水的水质合格为止,以避免洗井水外排对环境的污染,并减少水资源浪费。

3.注水井增注

在一个注水系统中,由于地质情况的差异,注水井洗水能力各不相同,如果注水压力相差较大,则应提高注水泵泵压,调整注水井阀门,控制注水井的注水压力和排量。当少数井需要高压时,在满足多数井的压力需要情况下,对高压注水井,采用单井或几口井增压的措施,这样可提高注水系统效率,减少能耗。

根据注水井压力和排量,选择合适的增压泵,将注水站提供的已具有相当压力的水,再次升压,以保证注水井的需要。

4.注水系统设备腐蚀和防腐

(1)注水井对设备的腐蚀

任何金属设备都存在腐蚀问题,在注水系统中,金属设备直接同注入的水接触,腐蚀尤为严重。注水系统的金属设备腐蚀主要形式为电化学腐蚀。电化学腐蚀可分为全面腐蚀和局部腐蚀,不论哪种腐蚀,都降低了金属的机械性能,都将给设备带来危害。在注水系统中,水中溶解氧、二氧化碳、硫化氢、溶解盐类等的含量,会直接影响金属设备的腐蚀,其也和水的温度和流量有关。

(2)注水系统的防腐技术

解决注水系统腐蚀的主要技术有以下几种。

1)设备合理选材或进行特殊处理。例如,可以采用耐腐蚀的合金材料或非金属材料,如不锈钢、工程塑料和玻璃钢等代替一般的碳钢。同时,对碳钢材料采用防腐处理,如采用水泥砂浆衬里、玻璃钢衬里或其他防腐涂料等方法,都可以有效缓解水对设备的腐蚀。

2)改变介质状态。可采用各种方法降低注入水中溶解气体(如 H_2S、CO_2,O_2 等)的含量,以改变 pH 值,使其更接近中性,使注水水质达到规定的标准,同时,应尽可能降低水的温度。

3)阴极保护。应用电化学原理,使足够多的电流通过浸于水中的金属,以阻止设备的腐蚀。

4)投加化学物质。在注入水中,投加缓蚀剂,以抑制腐蚀。

二、注水站生产安全技术

1. 注水站的作用和组成

注水站的作用是把供水系统送来或经过处理符合注水水质要求的各种低压水通过水泵加压变成油田开发需要的高压水,经过高压阀组分别送到注水干线,再经配水间送往注水井,注入油层。

注水站主要由储水罐,供水管网,注水泵房,泵机组,高、低压水阀及供配电、润滑系统,冷却水系统组成。

2. 注水站安全技术

我国油田注水站大部分采用离心式注水泵,本书主要叙述离心式注水泵注水站的安全操作。

(1)注水泵启动前的准备

1)向上级请示,并与相关单位或部门联系。

2)检查润滑油系统,油箱油位应在标尺刻度的 1/2～2/3 范围之间,确保润滑油泵 3～5 转、转动灵活、无异常现象。设置润滑油循环流程,启动润滑油泵,将总油压调到 0.15～0.25 MPa,分油压调到 0.05～0.08 MPa,使轴瓦温度在 35～45℃之间。

3)对于停电 24 h 以上的电动机,应测量电动机绝缘电阻值,对额定电压为 6 000 V 的电动机,用 2 500 V 级的摇表测量电动机定子线圈的绝缘电阻,在电机热状态下,每千伏绝缘电阻值应不小于 1 MΩ。

4)人员戴绝缘手套,合进线柜甲、乙隔离开关,合进线柜油开关。观察电压应在 5 700～6 000 V范围之内,测三相电压应平衡,各仪表及断电保护完好,直流电流电压应为 24 V。

5)断开隔离开关,合上电源开关,打开油开关及合闸机构,对跳闸机构进行试跳,确保其灵活。

6)站内注水流程的准备包括来水压力不得低于 0.08 MPa,注水罐水位应在中水位以上。打开储水罐进出口阀门,打开泵进口阀门和过滤器排污阀门,冲洗排净后,关闭阀门。打开泵出口,放空阀门,空气排净后关闭。

7)检查轴瓦油位,应保持在观察孔的 1/2～2/3 位置,确保油质合格,打开轴瓦冷却水进出口阀门,确保盘根盒内无杂物,盘泵为 3～5 圈,检查低水位,确保下泄水管畅通无阻。

8)检查风冷电机,要打开电机通风道挡板,检查水冷电机,应先打开电机冷却水进出口阀门,进水压力控制在 0.12～0.15 MPa,进口水温不超过 30℃。

9)检查与机泵启动有关的仪器、仪表。

(2)注水泵启动过程中的安全技术

1)启动时必须一人操作,一人监护,非操作人员应距机泵 5 m 以外。

2)得到变电控制室允许启动信号后,方可按操作规程作业,不能强行启动机泵。

3)泵启动后,一定要待泵出口压力超过额定工作压力时,迅速打开泵出口阀门。

4)电机启动后瞬时又停机,或启动后发现电流泵压波动较大、整机震动或有其他机械摩擦时应立即停泵。停泵后,查明原因后方可进行第二次启动,间隔时间不应少于 30 min。

(3)停泵(包括紧急停泵)时的安全技术

有下列情况之一,需要进行紧急停泵操作:

1)设备运行而引起安全事故时;

2)机泵及电器开关发生严重的机械故障或电路故障时;

3)电机电流突然波动±10%,电压超过额定电压±10%～−5%范围内;

4)工艺管线发生故障,不能供水或漏水时。

(4)注意事项

1)尽可能减小电流再进行停机操作,以保护电机和泵的安全;

2)停泵后,要注意观察机泵转动情况,有无阻卡或反转现象,正常停泵后转动停止时间不少于 50 s;

3)开泵两台以上,停一台泵后,应迅速检查,调整另一台泵,以免电机过载或出现其他问题。

3. 注水站的劳动保护

注水站的工作环境为高电压、高水压和高噪声,因此,注水站应注意以下劳动保护:

1)电柜、接电箱等强电要有专人负责,控制屏前后要有绝缘隔板,电器的维护应由电工进行,两人操作,电开关上要有明确开关指示牌,应保持电器设备不受潮。

2)杜绝设备的漏失,特别是高压水的泄漏,法兰、阀门等连接要牢固,防止高压水突然滋出,电机轴头和水泵间的靠背轮要有固定的护罩。

3)应采取有效措施减小泵房内的噪声,防止噪声危害,保障工人身体健康。工作地点的噪声标准为 85 dB 以下,现有企业的注水泵房暂时达不到标准的,应不超过 90 dB。值班室内噪声应在 75 dB 以下。

4)上岗工人应穿工服、工鞋,女工要戴工帽,执行电工作业时应戴绝缘手套和绝缘工鞋。

4. 注水系统高压管网运行安全技术

油田注水主要通过注水管线分配、输送。注水管网要经常承受 13.0 MPa 左右的高压,而且管线又大部分埋入地下,长期受到管内水和外部土壤的腐蚀。这些因素给注水管网的长期安全运行带来了一定的难度,要想保证高压注水管网的安全运行,应做好以下安全检查管理和维护、保养工作。

1)投产运行前一定要按规定进行强度和密封性试压,经检查验收合格后,方能通高压水冲洗管线,以防发生泄漏故障。

2)北方油田冬季投运管线,要先送风,验证管线畅通后才可通高压水,以免憋压或水在管内冻结。

3)在通高压水运行后,要全面检查,特别是每处法兰、盘根及连头焊口,若发现刺、渗、漏,则要停水处理。

4)对已投入运行的管网,应注意异常现象,如内防腐层脱落,阀件损坏,腐蚀结垢等,要进行调查分析以排除故障,比如停水修复,投加缓蚀防垢药剂等。

5)定期检查腐蚀情况,投产后 3~5 年或按设计年限,用测厚仪检查管线壁厚,特别是在泵房、阀组间等地面对管线进行检测时,若发现局部腐蚀严重管段应进行更换或大修,以防止高压水泄漏。

6)对埋地管段的外防腐情况,应定期检查保持完好,对外腐蚀严重的地段要重点检查。

7)在运行中应避免死水段,防止冬季冻堵。

注水高压管网中的高压阀门的开关操作安全技术如下:

1)每次操作前都要检查法兰、卡箍、丝扣、螺栓、垫子(或钢圈)和盘根是否良好。

2)操作时一定要站在手轮或操作杆的侧面,避免丝杠手轮伤人。

3)开关阀门发现阀板(球)有阻卡现象时,要判断清楚,解决后再进行操作。

4)开关完后应回 1/2~3/4 扣,以便下次操作,当因阀板(球)刺损或阀体底沉积物造成关不严时,不能加大压力杆负荷,以免强关造成阀件损坏。

5)对电动阀上、下限位一定要进行调试,确保开关灵活、保证操作安全。

注水系统中储水罐密封呼吸阀安全技术如下:

1)投产前必须按设计数据进行调试,确保吸气、排气灵活。

2)对配套的液位仪表也应调试准确,确保运行数据可靠。

3)运行后应按规定进行检查维护,确保灵活可靠。

4)在温度<0℃时应对呼吸阀和引压管进行保温,以防冻结而造成系统失灵和引起故障。

第四节 提高油田注水系统效率、实现节能降耗

节能降耗和管网改造要从电动机、注水泵、管网三方面采取相应措施。

一、电动机选择

注水站内由于设备、管线腐蚀穿孔等原因，经常泄漏污水，应尽量选用高效节能型电机，结合油田实际情况，合理选型。例如，污水温度高，蒸发快，使空气中含有大量盐分，空气中腐蚀性强，易侵入电机内使线圈受潮从而增大电阻，增加了无功损失，使电机效率降低。因此，设计时应尽量选用全封闭式上水冷电机，要与注水泵合理匹配，避免造成电机损耗大、无功功率损失等问题。

当前，绝大多数油田都采用三相异步电动机拖动注水泵，其已成为石油生产过程中的主要耗电设备之一。异步电动机额定状态下的功率因数为 0.80～0.85，大量的无功消耗增加了电能的损耗。目前，在提高功率因数方面只是依靠电力电容器进行无功补偿，虽然此方法简便、易行，但电容器寿命短、故障率高，因此，采用同步电动机对于提高电网功率因数、改善电压质量来说，是一种行之有效的措施。

二、注水泵选择

1）高压、低渗透、小断块油田的注水量小，少数油田区块若选用离心泵，泵效达不到高效区的要求，应优先选用柱塞泵，其在水力性能、泵效、漏水量等方面都比离心泵优越，泵效可达 80%～90%，而且运行灵活，调节水量方便，比使用离心泵节能效果明显。

2）合理选用大排量、高转速比离心注水泵。各油田在早期由于注水量较小，大多使用小排量注水泵。

3）改造泵的水力部件，以改善泵的水力性能。这方面措施包括调泵的级数，车削泵的叶轮，打磨泵的流道，选用耐腐蚀材料，采用环氧树脂工程塑料来提高表面光洁度，更换与叶轮不匹配的导翼。这六种措施在一定范围内可有效提高泵效，胜利油田早期对 6D1002150 型注水泵采取改进叶轮、导叶的水力模型，打磨流道等措施，使泵效由 62.5% 提高到 72.0% 以上。

4）提高注水泵的运行效率。确保大小泵合理搭配，尽量减少回流，使泵的排量与实际注水量相当，稳定在高效区运行，达到节能的目的。

三、管网规划与设计

1. 做好规划设计

注水站尽量布置在注水管辖区的中心位置，注水半径应在 5 km 之内，将注水泵到注水井

口的压力损失控制在 1 MPa 之内。对于边远区块油田,可采用小站注水流程,以避免因高压管线过长使管网沿程阻力损失增加。

2. 分区分压,局部增压

注水系统管辖区内不同注水井的吸水能力不同,造成注水压力差别较大。为配合部分高压井而被迫提高整个管网的注水压力,这将会使节流损失大大增加。这时应把高压井和低压井区别对待,采取高压井与低压井分设管网,分别使用或共用低压泵供水,或者对高压井增设增压泵等。

3. 降低管网磨损

降低管网磨损的措施有:合理选择注水管管径,超过管网经济流速 1.0~1.8 m/s 时,会使管网磨损加大,能耗增加;降低管道内壁粗糙度,管网磨损与其粗糙系数的二次方成正比,由于油田注入水水质腐蚀性较强,注水管应采用耐腐蚀材料并采用防腐工艺;改善注入水水质,在注入污水之前,采取一系列工艺措施对污水进行处理,或在注水管中加入缓蚀剂、防垢剂等;尽量减少局部阻力损失。

4. 注水干线连通

相邻泵站注系统注水干线相互连通,使站与站之间形成流量互补,相互平衡注水系统注水量,从而减少开泵台数。

5. 加强注水系统的运行管理

在保证注、采体积平衡的前提下,利用非均衡注水的特点,有计划地将用电尖峰负荷转移到用电低谷使用。

四、注水系统运行参数调节

由于油田注水系统各个注水井的吸水能力和配注量不同,同时要保证注水井测试、洗井等用水,因此,在实际生产中注水量波动较大。为适应注水量的波动,实现恒压注水,需要频繁调整注水泵的运行方式。

1. 变频调速

采用变频调速器把频率为 50 Hz 的市电变频率可调的三相交流电作为三相异步电动机的变频电源,实现了电动机的无级调速,从而可调节注水泵排量,省去了传统机械变速装置。同时,变频器使电动机转速调节范围增大,可得到良好的性能。

1)实现恒压注水,节能降耗。在生产中,注水系统不稳定,使得泵站压力经常发生变化,当压力超过或低于规定值时,若无变频调速,只能靠人为地启停泵来调节压力,很难达到工艺要求。

2)提高自动化管理水平。

3)变频调速装置具有完善的保护功能及故障检测显示功能。当系统出现故障时,其故障系统将自动显示故障部位并报警,同时将系统自动关闭,保证系统安全运行。

4)变频器供电完全改变了电动机原有的满载、空载周期性变化的工作方式,处于恒定负载状态。

2. 液体耦合器调速

国内正在研制注水泵用调速液力耦合器,作为传动部件,它可以传送相同的输入与输出端转矩,达到节能的目的。

液力耦合器传动时,液力原件内部依靠液体传递能量,无机械连接,因而传动性能柔和,具有很好的防振和隔振作用,有利于延长由电动机到注水泵全部设备的使用寿命,具有无级调速的特性,对电动机和注水泵起过载保护作用,可使注水泵起步平稳,加速均匀、迅速,易于操作。但其传动损失比机械传动大,需配备供油和冷却系统,结构较复杂,制造成本较高。

液力耦合器调速运行曲线如图 6-2 所示。

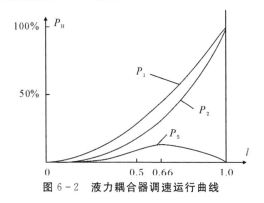

图 6-2　液力耦合器调速运行曲线

图 6-2 中:P_1—液力耦合器输入功率(即电机轴功率);

P_2—输出功率(即机泵轴功率);

P_H—电机额定功率;

P_S—液力耦合器额运转中损失功率。

其中,液力耦合器输入转速为 n_1,输出转速为 n_2,转速比 $i = n_2/n_1$,$P_1 = i^2 P_H$,$P_2 = i^3 P_H$,$P_S = P_1 - P_2$。

3. 节流节能

注水系统的注入流量在生产中是变化的,当需注水流量较小时,在保证注水压力满足要求的情况下,通过减少注入流量可以实现节能。根据离心泵特性曲线可知,在节流前,泵的工作效率在最高点,节流后,偏离效率最高点,功率有所降低。这种方法在节流范围不大时(10% 以内)具有投入少、方便的特点,能起到一定的节能作用。反之,就达不到节能的目的。

五、油田注水生产实时分析设计专家系统 WES

"油田注水生产实时分析设计专家系统 WES"是一套基于自动化技术、计算机技术、网络技术、系统工程技术以及油田注水开发专业技术,针对注水系统生产领域问题的专家解决方案系统。

油田注水生产实时分析设计专家系统 WES 是一个包括注水站—管网—配水间—注水井—井筒—注入地层的全方位的技术问题解决平台,能实现实时采集、数据管理、实时工况分析、故障诊断、系统效率及损耗分析、生产参数实时优化设计、方案发布、智能控制。油田注水生产实时分析设计专家系统 WES 界面如图 6-3 所示。

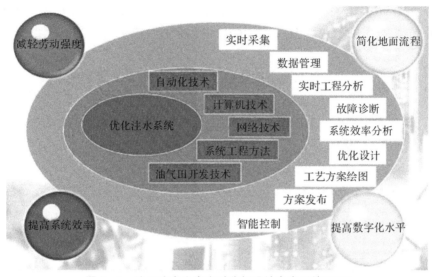

图 6-3　油田注水生产实时分析设计专家系统 WES

　　该系统通过下达采集、调控等指令,自动完成实时监测注水井的压力、远程智能调控阀门开度、调控注水量,保证了采集调控的迅速、精准,降低了油井工人的劳动强度,提高了油田注水井的自动化管理水平。

　　该系统具有注水井工况显示、控制参数设定、远程阀门开度调控、数据处理和存储等多种功能。现场试验证明,该系统能够精确注水,能够稳压、变压平衡注水,可防止倒灌砂埋并降低工人劳动强度。注水井远程智能调控系统主要功能如图 6-4 所示。

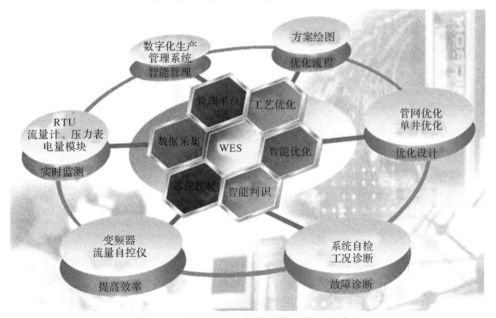

图 6-4　注水井远程智能调控系统主要功能

对不同油田,各种措施不可一概而论,此外,在选机泵、定管网、水质处理方面还有很大的改进空间。

对于管网改造的综合经济效益分析部分,还需进行理论研究。目前,本书能够提出系统的不合理之处,但是在各种方案中,最佳方案的优化还不成熟,需要进一步研究,以适应油田生产的需求。

油田注水系统效率优化、降低注水能耗技术将随着数字化的快速发展,朝着实现智能监控、实时诊断、实时优化的方向发展。

总之,通过计算机实时监控,按照地质配注要求实现精确注水,一定能有效提升注水系统效率、降低注水单耗。

参 考 文 献

[1] 中国石油天然气总公司.石油地面工程设计手册:第二册 油田地面工程[M].东营:石油大学出版社,1995.

[2] 夏政,罗斌,张箭啸,等.长庆油田一体化集成装置的研发与应用[J].石油规划设计,2013,24(3):19 - 21.

[3] 李庆,孙铁民.一体化集成装置在油气田地面工程优化中的应用及发展方向[J].石油规划设计,2011,22(5):12 - 14.

[4] 戚亚明,杨微微,张瑛,等.小型橇装密闭注水系统的设计[J].油气田地面工程,2012,31(9):44 - 45.

[5] 董巍,林罡,王荣敏,等.智能移动注水装置的研制[J].石油工程建设,2010,36(6):30 - 32.

[6] 余萍.油站立体化工艺存在的问题与改进[J].油气田地面工程,2012,31(4):34 - 35.

[7] 娄玉华,李红岩.油田转油站立体化布站的创新设计模式[J].石油规划设计,2012,23(1):7 - 10.

[8] 中华人民共和国环境保护部,国家质量监督检查检疫总局.声环境质量标准:GB 3096—2008 [S].北京:中国环境科学出版社,2013.

[9] 中华人民共和国住房和城乡建设部.钢结构设计标准:GB 50017—2017[S].北京:中国建筑工业出版社,2018.

[10] 胡雄翼,司毅壮,刘钇池,等.集装箱式注水装置的设计与应用[J].油气田地面工程,2017,36(9):42 - 45.

[11] 李永生,何茂林,齐圆圆,等.数字化橇装注水装置的结构设计[J].油气田地面工程,2012,31(4):30 - 31.

[12] 何李鹏,谭滨,冯亚军,等.高压集气站电控一体化集成装置的设计[J].油气田地面工程,2015,34(10):64 - 67.

[13] 董巍,王荣敏,毛泾生,等.长庆油田采出水回注管材应用情况对比分析[J].石油工程建设,2010,36(1):122 - 123.

[14] 李键,王鹏,王玉国,等.撬装注水站在定边油田的应用评价[J].化工设计通讯,2018,44(12):2.

[15] 王斌.注水站一体化集成装置工艺设计[D].青岛:中国石油大学(华东),2017.

［16］董巍.清水注水一体化集成装置工艺设计［D］.青岛:中国石油大学(华东),2016.

［17］王瑞英.黄陵油田供注水系统地面工艺技术研究［D］.青岛:中国石油大学(华东),2016.

［18］商永滨,王斌,李言.长庆低渗透油田注水工艺技术［J］.内蒙古石油化工,2013(21):109－111.

［19］王瑞英,马星全,董巍,等.林缘区供注水系统地面工艺技术研究［J］.石油工程建设,2015,41(5):54－57.

［20］商永滨,毛泾生,肖述琴,等.小区块注水地面工艺技术［J］.油气田地面工程,2010,29(11):52.

［21］刘春江,刘利群.逐步简化的长庆低渗透油田注水工艺技术［J］.石油工程建设,2008(4):50－52.

［22］王瑞英,董巍,王斌,等.老油田注水系统的节能改造［J］.石油工程建设,2012,38(6):88－90.

［23］孙殿国.低渗透油田注水系统节能效果分析［J］.石油规划设计,2008(5):13－15.

［24］高蕊,霍夙彦.高含水油田注水系统节能改造对策及分析［J］.石油石化节能,2019(6):41－43.